面向人工智能的
嵌入式设计与开发

赵志桓 著

化学工业出版社
·北京·

本书内容包括嵌入式介绍、GPIO端口基本使用、C语言编程基础、GPIO端口输入模式、串口通信、中断系统、Systick定时器、LCD液晶显示屏、触摸屏驱动、RTC实时时钟、温湿度传感器和实战项目。

本书可供电气、自动化类专业本、专科课程教学和大学生创新实践使用和参考。本书与在线课程“智慧树”平台“面向人工智能的嵌入式设计与开发（山东联盟）”配套。扫描本书各章二维码可查看、下载课后资料。“化工教育”网站 www.cipedu.com.cn 可下载本书课件。

图书在版编目（CIP）数据

面向人工智能的嵌入式设计与开发 / 赵志桓著.
—北京：化学工业出版社，2020.1（2024.9重印）
ISBN 978-7-122-35522-5

Ⅰ. ①面… Ⅱ. ①赵… Ⅲ. ①微型计算机-系统开发
②微型计算机-系统设计 Ⅳ. ①TP360.21

中国版本图书馆CIP数据核字（2019）第238299号

责任编辑：李玉晖 金 杰　　文字编辑：陈 喆
责任校对：张雨彤　　装帧设计：关 飞

出版发行：化学工业出版社（北京市东城区青年湖南街13号 邮政编码100011）
印 装：北京科印技术咨询服务有限公司数码印刷分部
710mm×1000mm 1/16 印张9½ 字数166千字 2024年9月北京第1版第4次印刷

购书咨询：010-64518888　　售后服务：010-64518899
网 址：http://www.cip.com.cn
凡购买本书，如有缺损质量问题，本社销售中心负责调换。

定 价：45.00元

前 言

ARM V7 是 Cortex-M3 的组成硬件之一，它的主频运行速度为 72MHz，不但可以使用 Thumb-2 指令集，还具备其他特殊的新性质。与 ARM7 TDMI 进行对比，Cortex-M3 具备性能更加强大、代码密度更高、位带操作、中断为可嵌套使用、成本小、功耗小等优势。STM32 系列芯片由意法半导体公司（STMicroelectronics）生产，是当下非常热门的芯片。STM32 系列产品基于超低功耗的 ARM Cortex-M3 处理器内核，采用意法半导体独有的两大节能技术，在所有产品中，大量的管脚、外设和软件都是可以共同使用的，兼容性强大，开发人员可以通过它的兼容性来极大地提高设计的灵活性。Cortex-M3 核的处理器的特点就是用于低端的设备控制。与 89C51 相比，STM32 具有 13 级的流水线指令处理能力，集成了许多外设，以寄存器的方式操作，大大提高了芯片执行速度，具有响应快的特点。内部的 RAM、ROM 的空间也比较大，可以下载和运行更多代码，还可以在小型系统中使用，有利于多任务操作。由此可见，STM32 的前景非常好，这几年 ST 公司在中国大力推广它的产品，国内部分半导体厂商也在生产类似芯片，更能体现出 STM32 在未来几年中在电子行业里受重视的程度。另外，芯片的价格很低。

STM32 具有以下独有优势。

1. 超低价格。STM32 最大的优势是，它拥有 32 位机的性能，但仅是 8 位机的价格。

2. 很多外围设备。TIMER、RTC、FSMC、IIC、USB、SPI、IIS、SDIO、CAN、DAC、ADC、DMA 等许多外设都可以连在 STM32 上，从这些外设可以看出，STM32 的集成度很高。

3. 芯片种类繁多。M3 是 STM32 的一种内核，这种内核有 F100、F101、F102、F103、F105、F107、F207、F217 共 8 个系列，这 8 个系列又有上百种型号，而且还有不同的封装可供选择，如 QFN、LQFP、BGA 等。与此同时，M3 芯片中还有功耗极低的 STM32L 和可以进行无线通信的 STM32W。

4. 性能实时性好。STM32 中的所有管脚都可以当作中断输入，共有 84 个中断，因而有 16 级可编程优先级。

5．功耗控制极为优秀。STM32 的每个外设都有独立控制开关的时钟，当功耗太高时，可以关闭不用的外设时钟，这样就能降低功耗。

6．开发成本低。STM32 下载程序时只需要一个串口即可，无须花费大量金钱购买价格极高的仿真器，而且 STM32 可以使用 SWD 和 JTAG 两种调试口。当使用 SWD 实现仿真调试时，只需要两个 IO 口，极为方便。

本书与在线课程“智慧树”平台“面向人工智能的嵌入式设计与开发（山东联盟）”配套。扫描本书各章二维码可查看、下载课后资料。“化工教育”网站 www.cipedu.com.cn 可下载本书课件。

本书由赵志桓著，同时得到了深圳信盈达科技有限公司牛乐乐总经理，济南信盈达电子技术有限公司袁魁总经理、何文宾工程师、邹竟飞工程师和山东农业工程学院廖希杰的大力支持，在此表示衷心的感谢。

由于时间仓促，书中难免有不足之处，恳请广大读者不吝批评指正。

著者

2019 年 10 月

目 录

第1章
嵌入式介绍

1.1 嵌入式概述

（1）嵌入式含义

嵌入式系统是以应用为中心，以计算机技术为基础，软、硬件可裁剪，适应应用系统对功能、可靠性、成本、体积和功耗等严格要求的专用计算机系统[1]。

（2）嵌入式单片机和PC电脑的区别

嵌入式单片机和PC电脑的区别见表1.1。

表1.1　嵌入式单片机和PC电脑的区别

设备名称	嵌入式单片机	PC电脑
处理器	嵌入式单片机内核	CPU
内存（数据存储器）	SDRAM芯片（RAM）	SDRAM或DDR内存条
存储设备（程序存储器）	Flash芯片（ROM）	硬盘
输入设备	按键、触摸屏	鼠标、键盘、麦克风
输出设备	LCD、OLED、数码管	显示器
声音设备	音频芯片	声卡
其他设备	USB芯片、网卡芯片	主板集成或外接卡

（3）单片机常见内核种类

1）51 内核（8 位）

51 内核（8 位）包括 STC（宏晶）、Atmel（爱特梅尔）、松翰、义隆、海尔等。

2）ARM 内核（32 位）

① 控制类芯片：ST（意法半导体）、TI（德州仪器）、NXP（恩智浦）等。

② 消费类芯片：高通、苹果、联发科、三星、华为、君正等。

（4）ARM 微处理器的应用领域

1）工业控制领域：智能机器人、工业机械手臂。

2）无线控制领域：手机、智能穿戴、智能家居。

3）网络应用领域：路由器、交换机。

4）消费电子领域：MP3 播放器、机顶盒、掌上游戏机。

5）成效安全领域：数码相机、城市监控。

（5）ARM 微处理器的特点

1）体积较小，功耗较低，成本较低，性能增强。

2）可以使用 Thumb（16 位）和 ARM（32 位）两种指令集，外设仪器可以完美兼容 8 位的以及 16 位的。

3）在固件库的基础上，通过寄存器的大量使用完成指令执行速度的提高。

4）绝大多数的数据都是在寄存器中运行的，使用更加灵活。

5）具有简单的寻址方式，可以灵活高效地执行。

6）拥有固定的指令长度（32 位或 16 位）。

（6）ARM 微处理器系列

几乎所有基于 ARM 体系结构的处理器，都具有 ARM 体系架构的共同特点。ARM 微处理器包含以下几个系列，其具有不同的特点以及不同的应用领域。

1）Cortex-A 系列　A 系列芯片是基于 ARM-V7 架构（32 位）和 ARM-V8 架构（64 位）设计，主要针对大型数据处理以及消费电子类产品，特点是支持开放的操作系统。

2）Cortex-R 系列　R 系列芯片是基于 ARM-V7 架构（32 位）设计，主要针对军工类产品，特点是实时处理性比较强。

3）Cortex-M 系列　M 系列芯片是基于 ARM-V7 架构（32 位）设计，主要针对工业控制、医疗电子、汽车电子类产品，特点是适合领域广、低功耗。

1.2 Cortex-M3 芯片介绍

1.2.1 Cortex-M 系列芯片分类

Cortex-M 系列芯片按照内核处理器速度不同可分以下几种。

① Cortex-M0 系列：工作频率为 48M。主要用于低功耗产品。

② Cortex-M3 系列：工作频率为 72M。主要特点为性能比较全面，行业覆盖面广。

③ Cortex-M4 系列：工作频率为 168M。主要用于电源管理和嵌入式音频。

1.2.2 STM32F10x 系列的命名规则

ZZH-Cortex-M3 开发板使用的主控芯片型号为 STM32F103ZET6，命名规则参考图 1.1 所示。

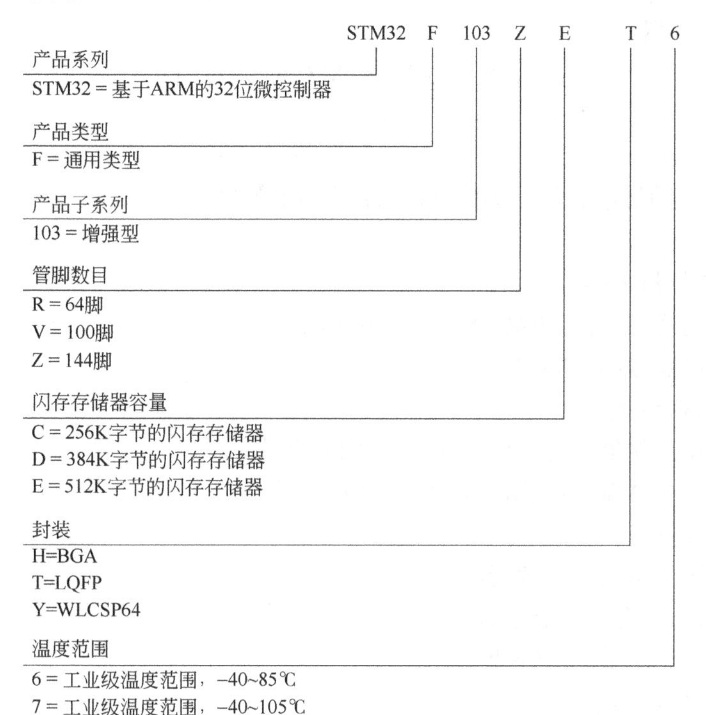

图 1.1 STM32F10x 系列芯片命名规则

① ST：芯片厂商意法半导体公司简称。

② M：Cortex-M 内核。

③ 32：32 位处理器。

④ F：通用型产品。

⑤ 103：芯片系列型号。

⑥ Z：芯片管脚数量（144Pin）。

⑦ E：内存 ROM 容量（512K 字节）。

⑧ T：芯片封装形式（四面表贴封装）。

⑨ 6：芯片工作温度（-40～85℃）。

1.2.3 Cortex-M3 芯片产品分类

① 小容量产品：内存容量在 16K～32K 字节的 STM32F101、102、103 系列的微控制器。

② 中容量产品：内存容量在 64K～128K 字节的 STM32F101、102、103 系列的微控制器。

③ 大容量产品：内存容量在 256K～512K 字节的 STM32F101、102、103 系列的微控制器。

④ 互联型产品：产品系列号为 STM32F105xx 和 STM32F107xx 的微控制器。

1.2.4 STM32F103ZET6 芯片内部资源

（1）单片机内核

① 处理器类型：ARM32 位 Cortex-M 系列处理器。

② 处理器频率：72M。

（2）内存容量

① 程序存储器（ROM）大小是 512K 字节。

② 数据存储器（RAM）大小是 64K 字节。

（3）定时器

① 2 个 16 位基本定时器。

② 4 个 16 位通用定时器。

③ 2 个 16 位高级定时器。

（4）硬件通信接口

① 3 个 SPI 通信接口。

② 3 个 IIC 通信接口。
③ 4 个 USART（同步串口）、2 个 UART（异步串口）。
④ 2 个 USB 通信接口。
⑤ 1 个 SDIO（SD 卡）通信接口。
⑥ 1 个 CAN 通信接口。

（5）输入/输出接口

112 个 GPIO 端口。

1.2.5 STM32F103ZET6 内部结构

STM32F10x 系列芯片内部结构如图 1.2 所示。

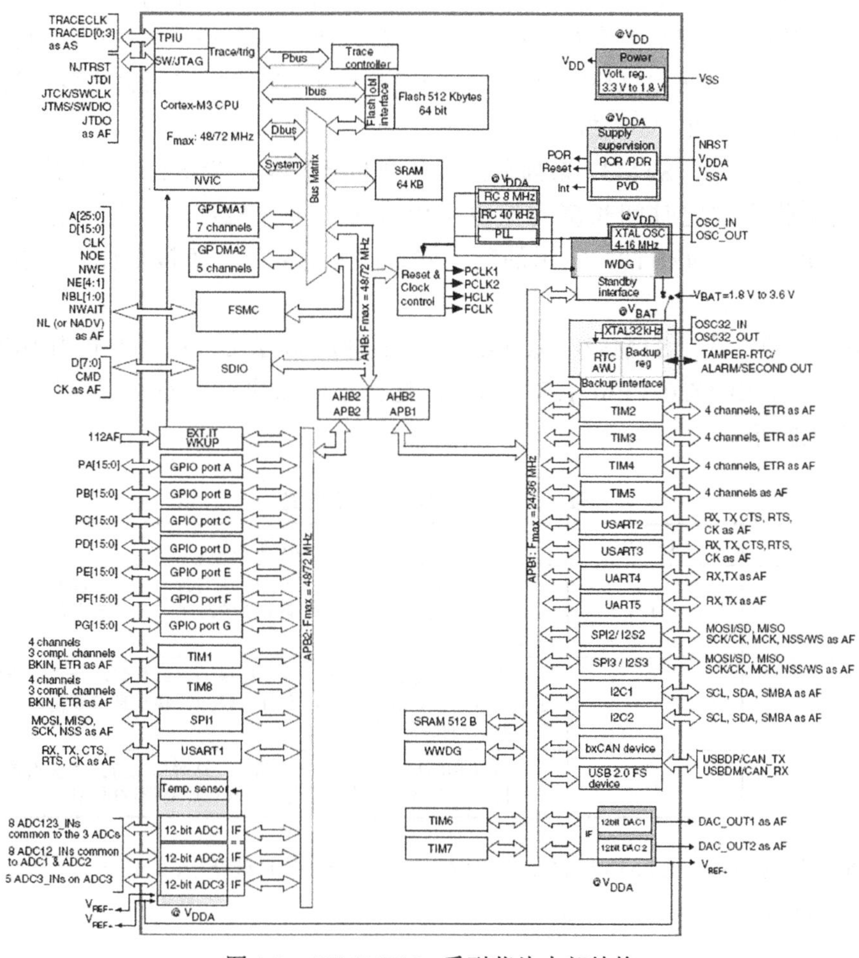

图 1.2　STM32F10x 系列芯片内部结构

1.3 STM32F10x 最小系统

（1）最小系统概念

最小系统是指能够让单片机正常工作的最基本条件或必要条件。

（2）STM32F10x 最小系统组成

1）电源　STM32F10x 芯片工作电压为 3.3V。芯片管脚名称为 VDD 的管脚表示芯片电源的正极、芯片管脚名称为 VSS 的管脚表示芯片电源负极、芯片管脚名称为 VREf 的管脚表示芯片的参考电源。

2）振荡电路　STM32F10x 系列芯片内部包含一个 RC 振荡器（内部时钟），但精度不是很高。在需要高精度控制时，一般会加上一个外部晶振（外部时钟）。外部晶振管脚为 Pin_23（OSC_IN）和 Pin_24（OSC_OUT）。晶振大小范围为 4～26M。常用 25M 或 8M 晶振。

3）复位电路　STM32 系列单片机的复位条件是：当 STM32 芯片的复位管脚上接收到规定时间长度的低电平信号时，单片机产生复位动作。复位管脚为 Pin_25（NRST），常用的复位方式：上电复位、按键复位以及看门狗复位。

4）启动方式　STM32F10x 芯片支持 3 种启动方式，启动方式由 BOOT1（Pin_48）和 BOOT0（Pin_138）端口的选择不同而决定，不同端口的启动方式如表 1.2 所示。

表 1.2　不同端口的启动方式

BOOT1	BOOT0	启动方式
x	0	指主 Flash 启动（硬盘启动），从芯片内部的 ROM 中读取工程芯片启动代码。这是一种最常用的启动方式，缺点是安全性比较差
0	1	指系统存储器启动，从系统存储器中读取工程芯片启动代码，这个模式的启动代码是由厂家自行设计。缺点是需要使用汇编语言编写启动代码程序
1	1	指内置 SRAM 启动（内存启动）。这种启动方式的优点是启动速度快。缺点是掉电数据丢失，一般在产品调试时使用

5）下载接口　STM32F10x 系列芯片支持 3 种下载方式：ISP 下载（串口下载）、JTAG 下载和 SW 下载。

1.4 嵌入式开发软件安装

1.4.1 编译软件安装

（1）MDK 编译器安装

MDK 软件版本为 Keil 5.21，MDK 软件安装包为 MDK521a.exe。安装过程如图 1.3～图 1.6 所示。

安装注意事项：如果之前装过 C51 版本的 Keil，那么 MDK 必须和 C51 安装在同一个文件夹中。安装过程可以更改安装路径，但安装路径中不能有中文路径（如图 1.4 所示）。

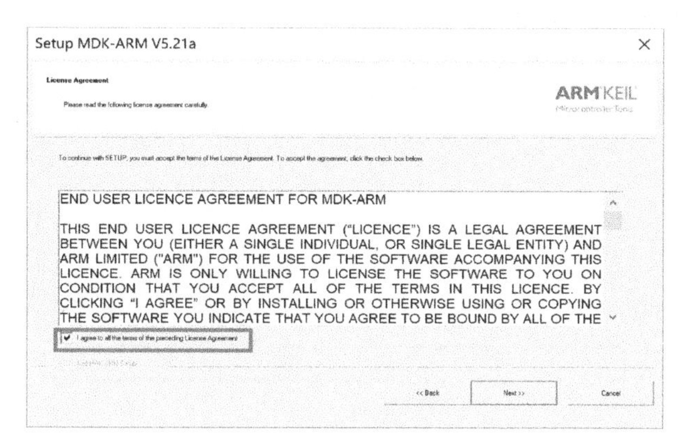

图 1.3　同意安装软件

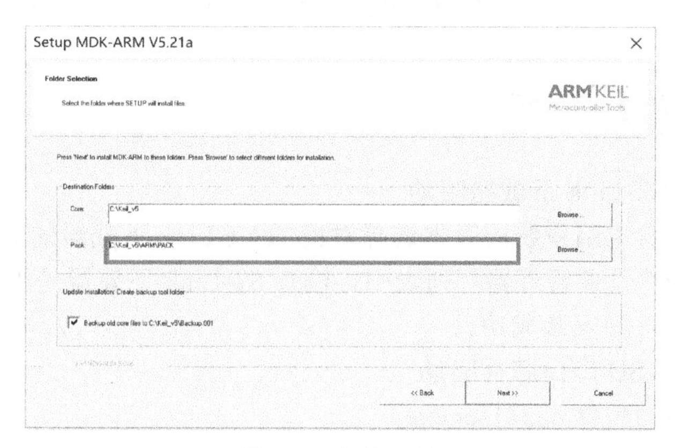

图 1.4　安装路径

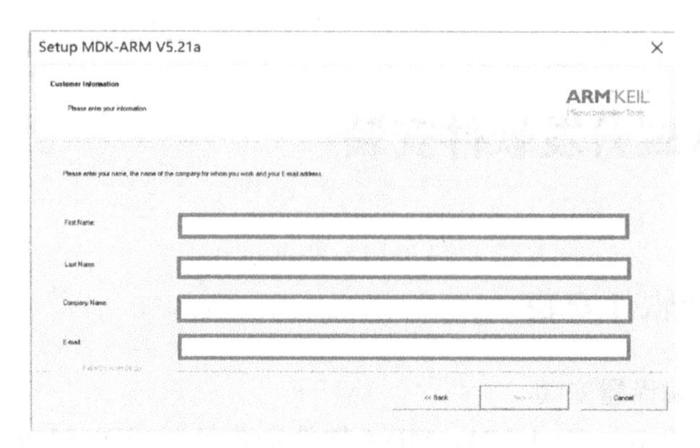

图 1.5　输入使用者的信息

（2）芯片资料包安装

双击需要使用的芯片信号对应的芯片资料包，如 STM32F10x 系列，则安装 Keil.STM32F1xx_DFP.2.2.0.pack，在安装的过程中路径及其他信息全部按默认设置安装（如图 1.6 所示）。

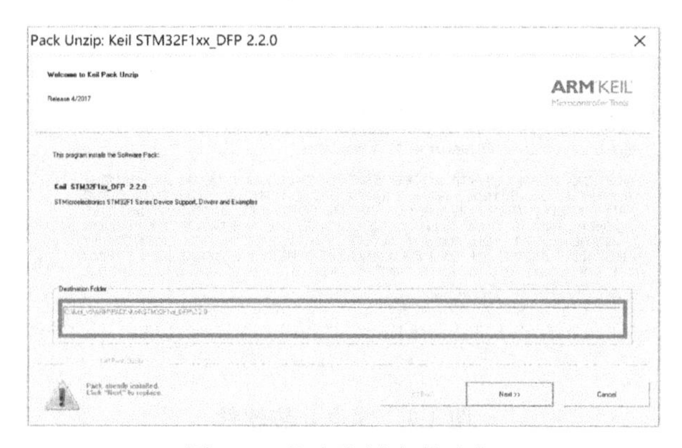

图 1.6　芯片资料安装路径

1.4.2　驱动程序安装

（1）安装 ST-Link 下载器驱动

① 根据自身电脑系统的版本选择对应的 ST-Link 下载器的驱动安装。

② 在电脑“设备管理器”列表中，检查 ST-Link 下载器是否被识别。如果识别到 ST-Link，则安装成功。

（2）安装 USB 串口芯片驱动

① 安装驱动软件 ch341ser.exe。

② 在电脑“设备管理器”列表中，检查 USB 串口芯片是否被识别。如果

识别到 USB-SERIAL CH340（COMx）标志，则安装成功。

1.4.3 下载测试

① 打开工程模板中的工程文件“STM32f103_Project.uvprojx”，如图 1.7 所示。

名称	修改日期	类型	大小
Cmsisi	2018/12/15 9:11	文件夹	
Libraries	2018/12/15 9:11	文件夹	
Listings	2018/12/15 9:11	文件夹	
Objects	2018/12/15 9:11	文件夹	
User	2018/12/15 9:11	文件夹	
keilkill.bat	2016/3/15 21:09	Windows 批处理...	1 KB
STM32f103_Project.uvguix.Diane	2017/12/10 14:35	DIANE 文件	70 KB
STM32f103_Project.uvguix.X1 Carbon	2018/7/1 13:46	文件	85 KB
STM32f103_Project.uvoptx	2018/7/1 13:46	UVOPTX 文件	17 KB
STM32f103_Project.uvprojx	2018/6/19 0:29		20 KB

图 1.7 STM32F10x 示例工程文件

② 编译下载。

单击 Build 图标为编译工程修改过的地方（第一次编译时，会编译整个工程），单击 Rebuild 图标为重新编译整个工程，然后单击 LOAD 图标进行程序下载，如图 1.8 所示。

注意： 下载之前，必须保证程序是编译过的，并且是没有错误提示的。

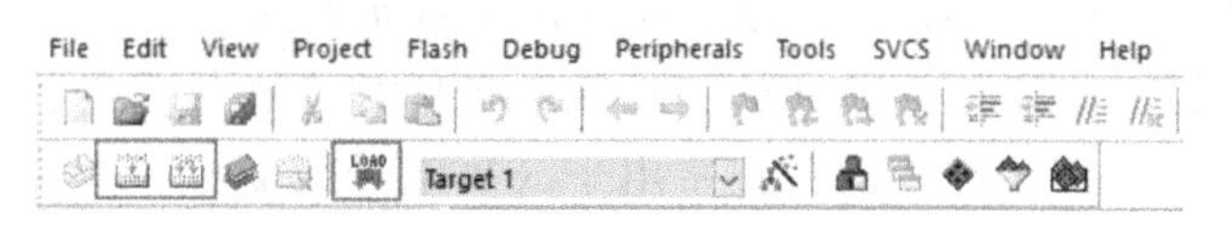

图 1.8 STM32F10x 工程编译与下载

课后资料

查看

下载

第2章 GPIO端口基本使用

2.1 STM32F10x芯片GPIO模块介绍

（1）GPIO端口概述

GPIO是通用输入/输出端口英文（General Purpose Input Output）的简称。通俗地说就是芯片的管脚，它可以实现输出（驱动外部电路）、输入（检测外来信号）以及模拟一些通信接口通信等功能，是单片机和外界进行通信的必要窗口。GPIO和外界都是通过TTL数字电平（高电平或低电平）来进行数据交换（高电平用数字1代表，低电平用数字0代表）。

注意：数据从芯片内核CPU传输到芯片外部的过程称为输出；数据从芯片外部传输到芯片内核CPU的过程称为输入。

（2）STM32F10x芯片GPIO端口概述

STM32F103ZE芯片一共有7组GPIO端口，分别为A、B、C、D、E、F、G，每一组有16个GPIO端口（编号为0～15）。使用“GPIO*x*（*x*为组别名称）.端口编号”或使用“P*x*（*x*为组别名称）.端口编号”的格式来表示具体使用的GPIO端口。每个GPIO端口都具有多功能模式，GPIO端口默认功能为输入功能。

例如：GPIO A组编号15的端口，则使用PA.15（PA15）或GPIOA.15来表示。

（3）STM32F10x 芯片 GPIO 端口特征

① 每组 GPIO 端口都有 16 个端口，端口编号为 0～15。

② 在输出状态下，可设置成推挽输出或开漏输出。

③ 每个 GPIO 端口都可以设置成通用模式和复用模式。

④ 每个 GPIO 端口可以配置不同的输出速度。

⑤ 在输入状态下，可设置为浮空输入、上拉/下拉输入以及模拟输入。

⑥ 利用置位和复位寄存器对输出数据寄存器进行按位写操作。

⑦ 利用端口配置寄存器（GPIOx_LCKR）对 GPIO 端口进行冻结配置。

2.2 STM32F10x 芯片 GPIO 端口功能介绍

2.2.1 STM32F10x 芯片 GPIO 端口功能

① 输入浮空：在浮空输入状态下，IO 口的电平状态是不确定的，完全由外部输入决定。如果在该管脚悬空的情况下，读取该端口的电平是不确定的。一般用于处理信号方面。如测试一个波形，这时候可以配置这个功能。

② 输入上拉：在没有外界输入的情况下，能让 IO 口在没有连接信号时候有一个确定的高电平信号，并且也能从 VCC 处获得比较大的驱动电流。一般用于对输入电平信号进行检测。

③ 输入下拉：在没有外界输入的情况下，能让 IO 口在没有连接信号时候有一个确定的低电平信号。一般用于对输入电平信号进行检测。

④ 模拟输入：芯片内部 ADC 或 DAC 模块专用功能。

⑤ 开漏输出：开漏输出也叫断开输出，可以正常输出低电平（0），但没有输出高电平（1）的能力。在开漏输出状态下，输出高电平则为输出一个高阻态。如果需要输出高电平（1），则需要外接一个上拉电阻。

⑥ 推挽式输出：推挽输出既可以输出低电平（0），也可以输出高电平（1）。

⑦ 推挽式复用功能：当 GPIO 端口作为第二功能时，配置层推挽输出模式。复用功能是指 GPIO 端口的第二功能，也就是片内外设模块的管脚专用功能。

⑧ 开漏复用功能：当 GPIO 端口作为第二功能时，配置层开漏输出模式。

2.2.2 STM32F10x 芯片 GPIO 端口内部框图

图 2.1 所示为 STM32F10x 芯片 GPIO 端口的基本结构。

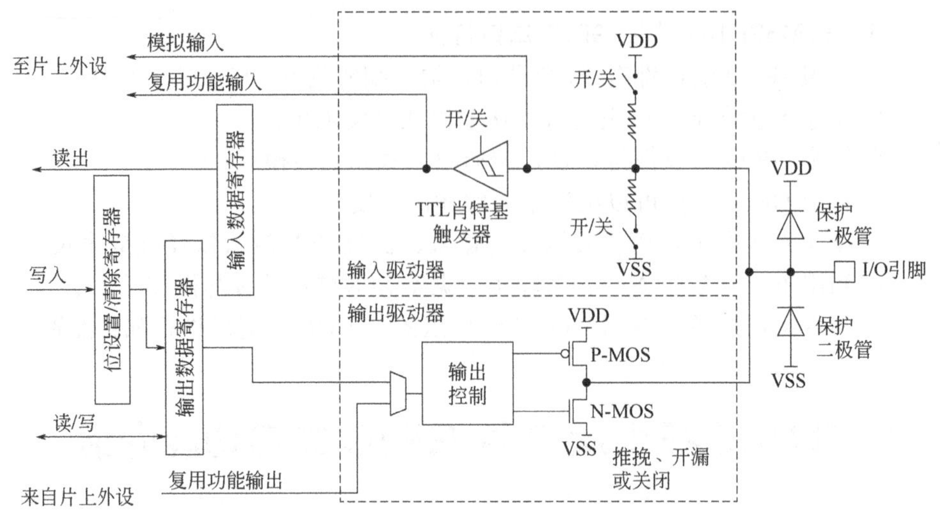

图 2.1　STM32F10x 芯片 GPIO 端口的基本结构

（1）输出功能

CPU 通过芯片内部的数据总线和地址总线把数据通过写操作写入置位/复位寄存器，然后由置位/复位寄存器改变输出数据寄存器，或 CPU 直接通过芯片内部的数据总线和地址总线对输出数据寄存器直接做读写操作。接着输出数据利用输出数据寄存器通过一个选择器开关（选择器开关主要功能为选择输出数据源来源于 GPIO 端口的通用功能还是 GPIO 端口的复用功能）进入输出控制电路。输出数据电路是由一个 D 触发器构成，输出的数据控制两个 CMOS 管输出高低电平数据，数据通过内部数据线传输到 GPIO 端口管脚，把数据输出。由于内部的上拉和下拉两个电子的驱动能力很小，所以在通过推挽输出时，无法改变输出的数据[2]。

（2）输入功能

当 GPIO 端口工作在输入功能时，硬件会自动把下面输出的模块屏蔽，否则 I/O 口的数据就会被输出部分强制地拉高或拉低。输入的数据通过一个开关（上拉和下拉开关）后进入输入功能部分，上下拉的开关在寄存器中可以随意配置想要的模式，同时当上拉和下拉都关闭的时候，就出现了一种浮空输入状态。浮空输入状态主要用于模拟模式，因为模拟输入是不允许有上下拉影响的。除模拟模式以外，我们也可以使用上拉或下拉来处理相关输入数据，具体到底用上拉还是下拉，那就取决于外围电路的设计了。输入的数据进入输入功能部分后，首先经过施密特触发器，这个触发器主要用于对数据进行锁存。通过施密特触发器后进入输入数据寄存器，然后我们通过读入数据寄存器的内容就可以被内核识别。

（3）模拟功能

当 GPIO 管脚用于模数转换输入通道时，将使用“模拟输入”功能，这时信号是不经过施密特触发器的，我们使用 ADC 外设的时候，需要采集的是最原始的模拟量信号，这将是一个多变的量，但是经过施密特触发器之后的信号只有 0、1 两种状态，因此信号源必须在施密特触发器之前进行输入。当 GPIO 管脚用于数模转换通道时，将使用“模拟输出”功能。同时，当 GPIO 管脚用于模拟输入或模拟输出功能时，即使我们对其配置了上拉或下拉模式，也无法对模拟信号的输入或输出造成影响，因为在模拟功能时（包括输入输出），其中的上拉和下拉电阻将不起任何的作用，导致管脚无法使用上拉或下拉功能。

2.2.3 STM32F10x 芯片时钟使能

（1）STM32F10x 芯片时钟使能概述

为了节省功耗，STM32F10x 专门设置了相关的寄存器来控制每个片上外设时钟的开启/关闭功能（图 2.2），并且大部分的片上外设在默认情况下都是关闭时钟。GPIO 每个组都属于一个片上外设，所以每一组都有其对应的时钟控制位。STM32F10x 对应片上外设时钟的控制分别使用 RCC_AHBENR、RCC_APB2ENR 和 RCC_APB1ENR 三个寄存器来配置，这三个寄存器包含了 STM32F10x 上所有的片上外设时钟开启、关闭配置，并不局限于 GPIO 这个外设。在配置模块相关寄存器前，都必须先使能模块对应的时钟，否则，它对模块寄存器的配置是无效的。我们可以把模块的时钟控制功能看成是一个机器的电源，如果电源没有开，任何对机器的操作都是无效的。

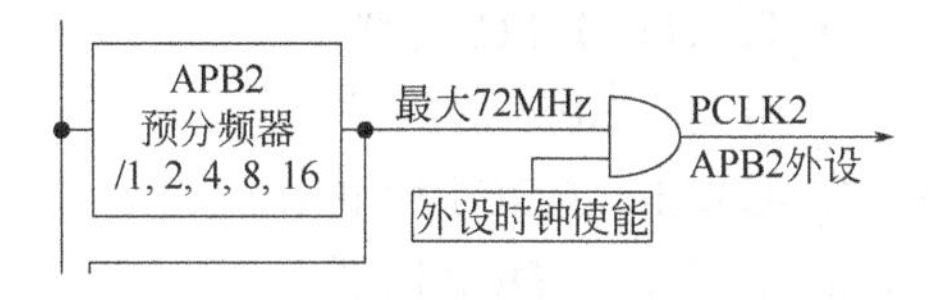

图 2.2 STM32F10x 芯片片内外设时钟

（2）STM32F10x 芯片时钟使能库函数

函数分布文件：

① stm32f10x_rcc.c。

② stm32f10x_rcc.h。

（3）RCC_APB2PeriphClockCmd 函数

① 函数原型：void RCC_APB2PeriphClockCmd(u32 RCC_APB2Periph, FunctionalState NewState)[3]。

② 函数功能：对 APB2 外设总线上的片内外设模块进行时钟使能。

③ 返回值：无。

④ 函数参数：

a．RCC_APB2Periph：具体需要使能的片内外设模块名称，可取一个或多个值组合作为该参数的值。

b．NewState：指定外设时钟状态，时钟状态参数值如表 2.1 所示。

表 2.1　时钟具体状态参数值

NewState 状态参数	具体描述
ENABLE	使能时钟
DISABLE	关闭时钟

⑤ 配置示例：

```
/* 使能 GPIOA 端口以及 SPI_1 外设模块时钟 */
RCC_APB2PeriphClockCmd(RCC_APB2Periph_GPIOA |
RCC_APB2Periph_SPI1 , ENABLE)[4];
```

（4）APB2 系统总线片内外设模块参数值

① RCC_APB2Periph_AFIO：GPIO 端口复用功能时钟。

② RCC_APB2Periph_GPIOA：GPIOA 时钟。

③ RCC_APB2Periph_GPIOB：GPIOB 时钟。

④ RCC_APB2Periph_GPIOC：GPIOC 时钟。

⑤ RCC_APB2Periph_GPIOD：GPIOD 时钟。

⑥ RCC_APB2Periph_GPIOE：GPIOE 时钟。

⑦ RCC_APB2Periph_GPIOG：GPIOG 时钟。

⑧ RCC_APB2Periph_TIM1：TIM1 时钟。

⑨ RCC_APB2Periph_SPI1：SPI1 时钟[5]。

⑩ RCC_APB2Periph_ADC1：ADC1 时钟。

⑪ RCC_APB2Periph_ADC2：ADC2 时钟。

⑫ RCC_APB2Periph_USART1：USART1 时钟。

⑬ RCC_APB2Periph_ALL：全部 APB2 外设时钟。

2.2.4　STM32F10x 芯片 GPIO 端口相关库函数

注意：本小节仅列出教学中所使用到相关的 GPIO 模块的库函数，更多的库函数介绍，请参考 STM32 固件库使用手册的中文翻译版。

（1）函数分布文件

① stm32f10x_gpio.c。

② stm32f10x_gpio.h。

（2）GPIO_Init 函数

① 函数原型：void GPIO_Init(GPIO_TypeDef* GPIOx, GPIO_InitTypeDef* GPIO_InitStruct)。

② 函数功能：根据“GPIO_InitStruct”中指定的参数初始化 GPIO 模块[6]。

③ 返回值：无。

④ 函数参数：

a．GPIOA 组端口：GPIOA。

b．GPIOB 组端口：GPIOB。

c．GPIOC 组端口：GPIOC。

d．GPIOD 组端口：GPIOD。

e．GPIOE 组端口：GPIOE。

f．GPIOF 组端口：GPIOF。

g．GPIOG 组端口：GPIOG。

h．GPIO_InitStruct：GPIO 端口具体的参数配置信息，参数类型如表 2.2 所示。

表 2.2 GPIO 端口参数配置类型

GPIOx 参数	具体描述
GPIO_Pin	具体使用的 GPIO 端口号，可取一个或多个值组合作为该参数的值
GPIO_Speed	GPIO 端口的输出速度
GPIO_Mode	GPIO 端口的功能模式

⑤ 具体的 GPIO_Pin 参数值：

a．GPIO_Pin_None：无管脚被选中。

b．GPIO_Pin_0：选中管脚 0。

c．GPIO_Pin_1：选中管脚 1。

d．GPIO_Pin_2：选中管脚 2。

e．GPIO_Pin_3：选中管脚 3。

f．GPIO_Pin_4：选中管脚 4。

g．GPIO_Pin_5：选中管脚 5。

h．GPIO_Pin_6：选中管脚 6。

i．GPIO_Pin_7：选中管脚 7。

j．GPIO_Pin_8：选中管脚 8。

k．GPIO_Pin_9：选中管脚 9。

l．GPIO_Pin_10：选中管脚 10。

m. GPIO_Pin_11：选中管脚 11。

n. GPIO_Pin_12：选中管脚 12。

o. GPIO_Pin_13：选中管脚 13。

p. GPIO_Pin_14：选中管脚 14。

q. GPIO_Pin_15：选中管脚 15。

r. GPIO_Pin_All：选中全部管脚。

⑥ GPIO 端口输出速度参数值：

a. GPIO_Speed_10MHz：GPIO 端口最高输出速率为 10MHz。

b. GPIO_Speed_20MHz：GPIO 端口最高输出速率为 20MHz。

c. GPIO_Speed_50MHz：GPIO 端口最高输出速率为 50MHz。

⑦ GPIO 端口功能模式参数值。

a. GPIO_Mode_AIN：GPIO 端口中的模拟输入。

b. GPIO_Mode_IN_FLOATING：GPIO 端口中的浮空输入。

c. GPIO_Mode_IPD：GPIO 端口中的下拉输入。

d. GPIO_Mode_IPU：GPIO 端口中的上拉输入。

e. GPIO_Mode_Out_OD：GPIO 端口中的开漏输出。

f. GPIO_Mode_Out_PP：GPIO 端口中的推挽输出。

g. GPIO_Mode_AF_OD：GPIO 端口中的复用开漏输出。

h. GPIO_Mode_AF_PP：GPIO 端口中的复用推挽输出[7] 。

⑧ 配置示例

```
    /* 把 GPIOA 组端口 8 初始化设置为推挽输出，输出速度 50M */
    GPIO_InitTypeDef GPIO_InitStructure; /* 定义 GPIO 初始化结构体变量 */
    GPIO_InitStructure.GPIO_Pin = GPIO_Pin_8; /* 使用端口编号为 8 的 GPIO
管脚 */
    GPIO_InitStructure.GPIO_Speed = GPIO_Speed_50MHz; /*  GPIO 端口的
输出速度为 50MHz */
    GPIO_InitStructure.GPIO_Mode = GPIO_Mode_Out_PP; /*  GPIO 端口设置
为推挽输出 */
    GPIO_Init(GPIOA, &GPIO_InitStructure); /* 使用 GPIO_InitStructure
参数对 GPIOA 组端口进行初始化设置 */
```

（3）GPIO_ReadInputDataBit 函数

① 函数原型：uint8_t GPIO_ReadInputDataBit(GPIO_TypeDef* GPIO*x*, uint16_t GPIO_Pin)[8]。

② 函数功能：GPIO 端口输入数据的读取。

③ 返回值：返回 GPIO 端口输入的值。

④ 函数参数：

a. GPIO*x*：设置具体使用的 GPIO 端口组别名称。

b．GPIO_Pin：设置具体需要读取的 GPIO 端口位编号，可取一个或多个值组合作为该参数的值。

⑤ 配置示例

```
/* 读取 GPIOB 组端口 7 的输入数据 */
unsgined char ReadValue; /* 定义 GPIO 输入数据保存变量 */
ReadValue = GPIO_ReadInputDataBit(GPIOB, GPIO_Pin_7); /* 把 GPIOB 组端口 7 的输入值赋值给保存变量 */
```

（4）GPIO_ReadOutputDataBit 函数

① 函数原型：uint8_t GPIO_ReadOutputDataBit(GPIO_TypeDef* GPIO*x*, uint16_t GPIO_Pin)。

② 函数功能：读取指定 GPIO 端口的输出状态[9]。

③ 返回值：返回 GPIO 端口当前输出的值。

④ 函数参数：

a．GPIO*x*：设置具体使用的 GPIO 端口组别名称。

b．GPIO_Pin：设置具体需要读取的 GPIO 端口位编号，可取一个或多个值组合作为该参数的值。

⑤ 配置示例：

```
/* 读取 GPIOB 组端口 7 的当前输出状态 */
unsgined char ReadValue; /* 定义 GPIO 输出状态保存变量 */
ReadValue = GPIO_ReadOutputDataBit (GPIOB, GPIO_Pin_7); /* 把 GPIOB 组端口 7 的输出状态赋值给变量 */
```

（5）GPIO_SetBits 函数

① 函数原型：void GPIO_SetBits(GPIO_TypeDef* GPIO*x*, uint16_t GPIO_Pin)。

② 函数功能：对指定的 GPIO 端口位输出高电平[8]。

③ 返回值：无。

④ 函数参数：

a．GPIO*x*：设置具体使用的 GPIO 端口组别名称。

b．GPIO_Pin：设置具体输出的 GPIO 端口位编号，可取一个或多个值组合作为该参数的值。

⑤ 配置示例

```
/* GPIOB 组端口 7 输出高电平状态 */
GPIO_SetBits (GPIOB, GPIO_Pin_7); /* GPIOB 组端口 7 的输出高电平 */
```

（6）GPIO_ResetBits 函数

① 函数原型：void GPIO_ResetBits(GPIO_TypeDef* GPIO*x*, uint16_t GPIO_Pin)。

② 函数功能：对指定的 GPIO 端口位输出低电平[11]。

③ 返回值：无。

④ 函数参数：

a．GPIO*x*：设置具体使用的 GPIO 端口组别名称。

b．GPIO_Pin：设置具体输出的 GPIO 端口位编号，可取一个或多个值组合作为该参数的值。

⑤ 配置示例

```
/* GPIOB 组端口 7 和端口 10 输出低电平状态 */
GPIO_ResetBits (GPIOB, GPIO_Pin_7 | GPIO_Pin_10); /* GPIOB 组端口
7 和端口 10 的输出低电平 */
```

2.3 GPIO 模块程序软件设计（驱动 LED）

Cortex-M 开发板 LED 模块电路如图 2.3 所示。

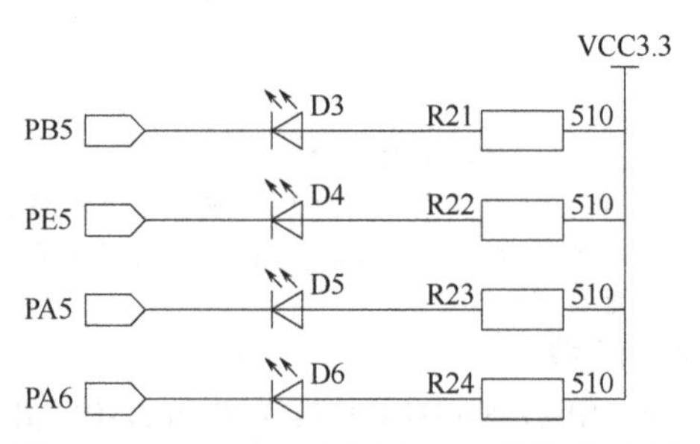

图 2.3　Cortex-M 开发板 LED 模块电路图

从原理图上，可以看出 LED 灯分别连接到 PB5、PE5、PA5 以及 PA6 管脚上，并且它们的正极接到了 3.3V 电源正极。所以要控制其亮，只需要把 LED 灯的另外一端输出低电平，电流就可以构成回路，从而点亮它；要控制 LED 灯灭，则需输出高电平。

程序示例如下。

```
// Description: 点亮 LED4
// Author: ZZH
// Version: V1.0
// Date: 2018-12-15
// Explain: LED4 (D6) --- PA6 --- 推挽输出
#include "stm32f10x.h"
int main()
{
    GPIO_InitTypeDef  GPIO_InitStructure; /* 定义一个结构体类型变量 */
    /* 开启 GPIOA 端口模块的时钟 */
```

```
        RCC_APB2PeriphClockCmd(RCC_APB2Periph_GPIOA, ENABLE); /* 使能
GPIOA 时钟 */
        /* 设置 PA6 端口工作模式 */
        GPIO_InitStructure.GPIO_Pin = GPIO_Pin_6; /* 使用端口编号 6 */
        GPIO_InitStructure.GPIO_Speed=GPIO_Speed_50MHz; /* 输出速度 50M */
        GPIO_InitStructure.GPIO_Mode = GPIO_Mode_Out_PP; /* 推挽输出功能 */
        GPIO_Init(GPIOA, &GPIO_InitStructure)[12]; /* 初始化 GPIOA 组 */

        /* PA6 输出低电平 点亮 LED4 */
        GPIO_ResetBits(GPIOA,GPIO_Pin_6); /*  GPIOA.6 */
        while(1)
        {
        }
    }
```

思考

点亮人生中的 LED 灯。

课后资料

查看

下载

第3章 C语言编程基础

3.1 C 语言体系介绍

C 语言是一种面向大众的通用的计算机高级编程语言，其设计之初的主旨是在提供编程语言的同时，提供简易的方式进行编译和处理低级寄存器，并且产生少量的机器代码，而且不需要任何运行环境支持就可以运行[13]。C 语言一般主要用于底层硬件驱动的编写，以及编写操作系统。因此，在单片机的开发应用过程当中，除使用汇编语言之外，C 语言也逐渐被广泛地应用。

3.1.1 C 语言主要特点

C 语言因其强大的功能，以及底层灵活的编写方式，迅速发展成为全世界最受欢迎的编程语言之一。在使用 C 语言进行程序的编写时，加上部分汇编语言编写的子程序，就更能突出 C 语言的优势所在了，如 PC-DOS、WORDSTAR 等就是使用这种编程方式进行程序编写的[14]。

（1）程序书写简洁灵活、结构紧凑

C 语言总结起来就是使用 32 个关键词以及 9 条控制语句进行程序的编写，因此 C 程序设计相对来说比较简洁。正是因为这种简洁的方法，让程序书写更加自由。C 语言将高级语言的逻辑思维方式以及基本结构和低级语言的容错性以及实用性进行有效的结合，更加增强了这种语言的受欢迎程度[15]。同时，我们发现 C 语言可以对位、字节和地址三个计算机最基本的工作单元进行操作，这决定了 C 语言可以书写底层代码[16]。

（2）具有丰富的运算符

只要涉及运算，就离不开运算符，C 语言所使用的运算符包含的范围非常广泛。C 语言把括号、赋值、强制类型的转换等很多类型的符号都当作运算符来处理。这也就决定了 C 语言的运算类型通过运算符的多样结合而呈现出更加多样性的表示。灵活地使用各种运算符号，我们可以实现在其他高级语言中没有办法实现的运算。

（3）数据结构丰富

C 语言的数据类型有整型、实型、字符型、数组类型、指针类型、结构体类型、共用体类型等。这些数据类型能够用来完成多种复杂的数据类型计算。在 C 语言中加入了指针的概念，这使得程序效率变得更高。同时，C 语言拥有强大的计算功能、逻辑判断功能以及图形功能，能够支持多种显示器和驱动器[17]。

（4）程序结构化

C 语言之所以称为结构式语言，是因为 C 语言的代码和数据呈现出分割化的特点，即程序的各个部分相互独立，只有经过特殊操作指令，才能进行信息的交流。结构式的程序，可以让整个工程看起来更加清晰，便于移植使用，也便于后期的调试维护。很多封装好的 C 程序在使用的过程中都是以函数的形式被用户调用的，并且在使用过程中可以配合多种条件循环语句，从而实现程序代码的模块化。

（5）语法限制小、书写自由度大

部分高级编程语言因其语法检查相对比较严格，所以几乎能够检查出使用过程中所有的语法错误。而使用 C 语言进行编程时，因其没有太大的语法限制，所以允许使用者有较大的自由度。因为 C 语言可以直接访问物理地址[18]，因此它可以直接对硬件进行相应的操作。所以，C 语言同时兼备高级语言和低级语言的许多功能，它能够像汇编语言一样，对计算机最基本的工作单位——位、字节以及地址三者进行操作，能够用来书写系统的软件。

（6）程序生成代码质量高，程序执行效率高

使用 C 语言编写的程序所生成的代码质量比汇编语言生成的代码质量要高，而且 C 语言程序代码的执行效率只比汇编语言低 10%～20%。

（7）语言适用范围大，可移植性好

C 语言能够适用于 DOS、Windows、UNIX 等多种操作系统，同时它也能够适用于多种机型。

（8）突出应用场合

在对操作系统、系统使用程序以及需要对硬件进行操作的场合下，使用C语言明显优于其他高级语言，而且C语言具有很强的可移植性和绘图能力，同时C语言的数据处理能力也很强，因此非常适用于编写系统软件，特别是对大型的应用软件系统的编写具有很大的优势。三维、二维画图软件以及动画设计软件都是在C语言的基础上进行编写设计的。

3.1.2 嵌入式C程序基本结构

嵌入式C语言程序一般由主函数、子函数和头文件3部分组成。

（1）主函数

主函数是程序开始执行的入口函数，在程序运行时将自动执行，一旦主函数运行结束，整个程序就结束了。主函数的名称必须是“main”，用户不能自定义主函数的名称。同时一个完整的程序，有且只有一个主函数。主函数的内容使用“{}”括起，内部为嵌入式C语言程序编写语句，每行程序语句使用“;”来表示一条程序语句的结束。

（2）子函数

子函数（也称为函数）只有在被调用时才会执行，一个程序可以没有子函数，也可以有很多个子函数。用户可以根据实际情况自定义子函数的名称。子函数的内容格式与主函数是一致的，每行的嵌入式C语言程序语句结束后加“;”，并且使用的嵌入式C语言用“{}”括起来。

（3）头文件

头文件用来定义单片机片内寄存器的地址、参数、符号以及子函数的函数声明。头文件不会编译，使用时通过#include指令加载使用。嵌入式C语言的每个标准库函数都对应一个标准库头文件，要使用标准库中的函数，就需要包含对应的头文件。

3.1.3 C语言编程规范

① 一条语句中，使用“空格”间隔区分两个不同的内容。

② 两个不同区间程序的行与行之间使用“空行”间隔分开。

③ 每条语句不要顶格书写，首行要有缩进（使用制表符Tab键，不要用空格键；向右缩进：Tab；向左缩进：Shift+Tab）。

④ 一行写一条语句，每个大括号“{”或“}”单独占一行。

⑤ 对代码进行注释，多行注释使用“/* */”（/*注释内容*/）；单行注释使用“//”（//注释内容）。

3.2 嵌入式C语言基本数据类型

数据类型是不同格式的数据，而数据是具有一定格式的数字或数据。数据类型主要是为了定义数据在内存中所占的空间大小、配置数据的存储位置以及确定其数据大小范围。

小知识

字节（Byte）是计算机最常用的存储单元，空间分配、释放、读、写都是以字节为单元。1个存储空间 =1 Byte（字节）= 8Bit（位，计算机最小的存储单位，只能存一个0或1），$1K = 2^{10} = 1024Byte$、$1M = 2^{10}K$、$1G = 2^{10}M$、$1T = 2^{10}G$。

在嵌入式C语言中，基本数据类型按数据占用存储器空间的大小可分成三种，分别是整型、浮点型、字符型。

（1）整型

整型数据是指不包含小数部分的数值型数据（如123、567、-123），整型数据类型使用关键字“int”来表示。整型数据只用来表示整数，在计算机中是以二进制形式存储。嵌入式C语言中，“int”整型数据占用4个字节空间。

整型数据类型分类：整型数据根据是否支持符号（正负号）形式分为有符号类型（signed）和无符号类型（unsigned），缺省表示为有符号类型（int等价于signed int）。

a．有符号类型（signed）。有符号整型数据使用数据中的最高位表示符号位（0为正，1为负），其余的31位用来表示数据。数据取值范围：-2^{31}～$(2^{31}-1)$。

b．无符号类型（unsigned）。无符号类型的所有位都可以用来表示数据。数据取值范围：0～$(2^{32}-1)$。

其他整型数据类型：整型数据除通用整型“int”以外，还有“短整型”和“长整型”。

a．短整型。短整型数据类型使用关键字“short”来表示，在嵌入式C语言中，“short”占用 2 个字节的大小空间。短整型同样分为“有符号短整型［short/signed short，数据取值范围：-2^{15}～$(2^{15}-1)$］”和“无符号短整型［unsigned short，数据取值范围：0～$(2^{16}-1)$］”。

b．长整型。长整型数据类型使用关键字“long”来表示，在嵌入式 C 语言中，“long”占用 4 个字节的大小空间。长整型同样分为“有符号长整型［long/signed long，数据取值范围：-2^{31}～$(2^{31}-1)$］”和“无符号长整型［unsigned long，数据取值范围：0～$(2^{32}-1)$］”。

（2）浮点型

浮点型数据又称为实型数据，用来存储有小数点的数据。浮点型数据中不区分“有符号”和“无符号”类型，固定为“有符号类型”。

浮点型数据类型分类：浮点型数据类型根据小数点的精确位数，可分为单精度浮点型和双精度浮点型。

a．单精度浮点型。单精度浮点型使用关键字“float”来表示，在嵌入式 C 语言中，“float”占用 4 个字节的大小空间，至少精确到小数点后 6～7 位。

b．双精度浮点型。双精度浮点型使用关键字“double”来表示，在嵌入式 C 语言中，“double”占用 8 个字节的大小空间，至少精确到小数点后 16～17 位。

（3）字符型

字符型数据使用关键字“char”来表示，字符型数据类型在存储空间中还是通过存储一个特定的整数来表示一个特定的字符，整数和字符之间是一一对应的，通过“ASCII 码表”中的数值进行转换。

小知识

ASCII 码的前 32 个字符都是控制字符（不会打印出来），32 表示空格字符（' '），48 表示字符'0'（'0'～'9' 连续存放），65 表示大写的字符'A'（'A'～'Z' 连续存放），97 表示小写字符'a'（'a'～'z' 连续存放）。

字符型类型意义：

a．存放整数。在嵌入式 C 语言中，“char”占用 1 个字节的大小空间。字符型同样分为“有符号字符型”［char/signed char，取值范围：-2^{7}～$(2^{7}-1)$］和“无符号字符型”［unsigned char，取值范围：0～$(2^{8}-1)$］。

b．存放字符。C 语言中的字符分为两类：一类是打印字符（可见字符、普通字符），使用单引号（' '）括起来，如'a' 'b' '1'。另一类是控制字符（不可见字符、转义字符），使用反斜杠'\'+字符来表示，如'\n'（换行）、'\r'（回车）、'\b'（退格）。

3.3 数据常量和数据变量

（1）数据常量

数据常量是指在程序运行期间，其值是不可改变的数据。因为常量的数值不可改变，一般使用一个固定的数值表示一个常量。十进制常量如 123、0、-8 等；十六进制则以 0x 开头或 H 结尾，如 0x34、90H 等。

数据常量分类：数据常量分为“数值型常量”和“字符型常量”两种，通过数据的形式可以知道常量的类型，常量的类型使用默认类型。

① 数值型常量：整型常量默认为“int（有符号整型）”，实型常量默认为“double（双精度浮点型）”，可以通过尾缀的形式改变数值常量的类型。例如：1234L 表示“long（长整型）”；100U 表示“unsigned int（无符号整型）”；200UL 表示“unsigned long（无符号长整型）”；12.34F 表示“float（单精度实型）”。

② 字符型常量：字符型常量分为“字符常量”和“字符串常量”。

a．字符常量。使用单引号（' '）引起来的单个字符，如'a' '1'，在存储器中占 1 个字节空间。

b．字符串常量。使用双引号（" "）引起来的单个或多个字符，如"Hello" "1"，在存储器中占空间大小为字符串字符个数+1 个字节。

（2）数据变量

① 数据变量的组成　数据变量是指在程序运行的过程中，其值可以改变的数据。因为变量的数值是可以变化的（不是固定的），所以使用一个固定的名称（标识符）来表示一个变量。一个变量主要由两部分组成，分别是变量名和变量值。

a．变量名：所有变量都需要一个变量名，它是一个变量的标识符，变量名是变量在内存中的地址，并把变量的值存在于相应的内存单元或空间单元中。

b．变量值：一个变量的数值。

② 变量（标识符）的命名规则

a．变量组成部分：可以由字母（严格区分大小写）、数字、下划线、美元符号组成。

b．变量开头部分：不能以数字开头。

c．变量重复问题：不能与关键字重复。

③ 数据变量的定义　变量定义的格式：数据类型　变量名。

例如： int age; /* 定义了一个整型变量 age */

a. 数据类型：规定了这个变量可以保存什么样类型的数据，可以使用“基本数据类型”“结构体数据类型”以及“空类型”来作为变量的数据类型。

b. 变量名：数据变量的标识符，代表该变量空间。

小知识

C89 标准规定了定义变量必须放在整个程序的最上方，在程序运行的过程中不允许定义变量。

④ 数据变量赋值

a. 初始化赋值：在定义变量的时候，通过赋值运算符“=”直接给这个变量进行赋值。不用的变量一般初始化为 0，因为没有初始化的局部变量初始值是随机数。

b. 赋值语句赋值：在程序运行的过程中，通过赋值语句给变量进行赋值。

3.4 C 语言运算符与表达式

3.4.1 运算符与表达式的概念

（1）运算符概念

运算符的本质是一个符号，它是一个能够进行运算的特殊符号。根据运算符进行运算操作数的数量，把运算符分为以下几种类型。

① 单目运算符：单目运算符又称为“一元运算符”，是指在运算的过程中，只需要一个操作数（变量）进行参与运算的运算符。单目运算符的结合方向（运算方向）为从右到左。

② 双目运算符：在运算过程中，需要两个操作数（变量）参与进行运算的运算符，称为双目运算符。双目运算符的结合方向（运算方向）为从左到右。

③ 三目运算符：三目运算符又称为“条件运算符或三元运算符”，是指在运算过程中，只需要 3 个操作数（变量）进行参与运算的运算符。三目运算符的结合方向（运算方向）为从右到左。

（2）表达式概念

表达式的本质是一个式子，可以表达出问题的式子或是表示某种含义的式子。具体来说，表达式指“数据+运算符”组成的式子。在使用表达式时，应注意以下几点。

① 表达式的最终结果有且只有一个结果或值。

② 在程序中只要看到一个表达式，必须首先计算出表达式的结果或值。

③ 计算表达式结果或值时，需要按照运算符的优先级、结合性等条件计算。

3.4.2 逻辑运算符

1）逻辑运算符符号：&&、||、!。

2）逻辑运算符作用：多个条件的判断，得到多个条件的最终逻辑结果。逻辑运算符的结果为逻辑值：真或假（0 或 1）。

3）逻辑运算符操作原则：

① 逻辑与（&&）。

a. 逻辑与运算符格式：条件表达式 1 &&条件表达式 2 &&…&&条件表达式 n。

b. 逻辑与运算规则：当条件表达式全部为真时，结果为真。只要其中有一个条件表达式为假，结果为假。

c. 逻辑与运算过程：首先计算出表达式 1 的值，判断真假。如果表达式 1 的值为假，则整体为假，表达式 1 之后的条件表达式将不会计算判断；如果表达式 1 的值为真，则继续计算之后的条件表达式，以此类推，直到所有的条件表达式的结果为真，整体为真。

② 逻辑或（||）。

a. 逻辑或运算符格式：条件表达式 1 || 条件表达式 2 || … || 条件表达式 n。

b. 逻辑或运算规则：当条件表达式中有一个为真时，结果为真。只有条件表达式全为假时，结果为假。

c. 逻辑或运算过程：首先计算出表达式 1 的值，判断真假。如果表达式 1 的值为真，则整体为真，表达式 1 之后的条件表达式将不会计算判断；如果表达式 1 的值为假，则继续计算之后的条件表达式，以此类推，直到所有的条件表达式的结果为假，整体为假。

③ 逻辑非（!）。

a. 逻辑非运算符格式：!数据或条件表达式。

b. 逻辑非运算规则：表达式数据为真，结果为假。表达式数据为假，结果为真。

3.4.3 位运算符

1）位运算符符号：&、|、^、~、<<、>>。

2）位运算符作用：对数据值的每一位进行操作，需要将操作的对象空间位存储写出来。

3）位运算符操作原则：

① 按位与（&）：任何数按位与上 0，结果为 0。按位与上 1，结果不变（原来是多少就是多少）。

② 按位或（|）：任何数按位或上 1，结果为 1。按位或上 0，结果不变。

③ 按位异或（^）：不同为 1，相同为 0。

④ 按位取反（~）：1 变 0，0 变 1。

⑤ 左移（<<）：数据的所有位均往左移，数据的高位移出，在低位补 0 对齐。

⑥ 右移（>>）：数据的所有位均往右移，数据的低位移出，在高位补 0 对齐。

4）位运算符应用：

①“按位与”一般配合“按位取反”来对数据的具体某一位进行清空。

②“按位或”主要用于对数据的具体某一位进行写入数据。

③“左移”和“右移”主要用于对数据的位寻址。

④“按位异或”主要是用于单独针对某一位进行取反（其他位不变）。

3.4.4 运算符优先级

在使用运算符的时候，需要注意运算符的操作数、结合方向以及优先级，运算符操作数、集合方向以及优先级参考附录 B。

① 括号的优先级最高。

② 运算符操作数越少，优先级越高。

③ 算术运算符>关系运算符>位运算符>逻辑运算符。

④ 与运算符>异或运算符>或运算符。

⑤ 赋值运算符排倒数第二，逗号运算符排最低。

3.4.5 数据类型转换运算

（1）数据类型转换概述

数据类型转换是指数据的类型发生了变化，一般情况下，数据的类型是不会变的。如果运算符号两侧的数据类型不一样，必须要经过数据类型的转换，将数据类型转换成同种的类型。

（2）数据类型转换方式

数据类型的转换分为自动类型转换和强制类型转换两种转换方式。

① 自动类型转换：自动类型转换又称为隐式类型转换，当做运算的两个数据的类型不同时，编译器自动完成转换（限定条件：只能在基本数据类型之间转换）。低精度数据类型自动向高精度数据类型转换，数据类型精度由低到高的顺序为：char<int<long<float<double，unsigned<signed。

② 强制类型转换：强制类型转换又称为显式类型转换，是指数据原本不会发生类型转换，强制让其按照要求发生转换。强制类型转换的格式为：（基本数据类型）（数据/表达式）。例如：(int)12.98、(int)(a+b)。

③数据类型转换原则：

a．char 向 int、float 转换。

- char 向 int 转换，直接根据 ACSII 码表转换为相应的整数。
- char 向 float 转换，用整数位接收字符数据，根据 ACSII 码表转换为相应的整数，补足小数位（默认用 0 补足）。

b．int 向 char、float 转换。

- int 向 char 转换，和 256 求余，将值赋给字符型变量。
- int 向 float 转换，保留整数位，自动补足小数位。

c．float 向 int、char 转换。

- float 向 int 转换，保留整数位，擦掉小数位。
- float 向 char 转换，先擦除小数位，再用整数位和 256 求余，将结果赋给字符型变量。

3.5 函数

函数是程序的最基本组成单元，程序是由一个一个函数组成的，是指完成特定功能的自包含单元（一个函数体中，只能包含自己的函数体，不能包含其他的函数体）。根据函数程序的主次，函数可分为主函数和子函数，也称 main 函数体和非 main 函数体。同时根据是否为自己编写，把子函数又分成库函数（标准库函数、第三方库函数）和自定义函数。

3.5.1 函数模型

（1）函数声明

函数声明格式：函数类型 函数名(数据类型 形式参数, 数据类型 形式参数, …);

① 函数类型：函数类型是函数返回值的类型，函数内部数据的出口，决定了这个函数会返回一个什么样的函数最终结果。函数内部的数据通常是通过“return”关键字返回出去的。函数类型可以是基本数据类型、指针类型或无值类型（没有返回值）。

② 函数名：它是函数的标识符，命名规则与变量相同。另外，函数名是函数的入口地址。在使用函数的时候，计算机会自动找到函数的所在位置。

③ 形式参数：形式参数也叫形参，是外部参数的入口。外部的数据必须先传递给形参，由形参再传递给函数内部。使用“数据类型 变量名”的格式去定义形式参数。形参的个数可以是多个，也可以是一个，或没有形参。

（2）函数定义

函数定义格式：

```
函数类型 函数名(数据类型 形式参数, 数据类型 形式参数, …)
{
    函数体代码;
}
```

函数体代码：指库函数和语句以及用户自定义实现函数的功能性代码的组合[19]。

（3）函数调用

函数调用格式：函数名(实际参数 1, 实际参数 2, …)。

3.5.2 实际参数

实际参数也叫实参，是参与函数运算时的实际数据。按照函数的使用说明的参数形式进行传递，并进入子函数内部进行运算，所以，在调用函数的实参时，其函数的数据类型、顺序以及数量必须与子函数中的形参保持完全一致。

3.5.3 函数应用

① 函数使用的时候，首先要确定函数的类型，函数类型就是函数返回值的类型。然后，要确定这个函数需不需要返回值。如果需要，需要什么类型

的返回值，也就是需要返回什么类型的数据。如果不需要，则为无返回值（void）。

② 确定函数名，建议使用突出函数的功能、函数含义的词汇给函数命名。

③ 确定函数的形式参数，确定在实现函数功能的时候，需不需要外部的数据参与辅助运算。如果需要，需要什么类型的数据。如果不需要，则为空（void），void也可以省略不写。

④ 调用函数，函数调用的时候，不需要写函数类型。如果函数定义的时候，有形式参数，调用的时候，就要给出实际参数。如果没有，则不写。

3.5.4 函数和变量的作用范围

（1）函数的作用范围

根据函数的作用范围，函数可分为全局函数和局部函数。

① 全局函数：全局函数是指这个函数对整个工程可见，在整个工程的任意一个地方都可以被调用。在函数类型前加入关键字“extern（外部的）”，则表示声明该函数为全局函数。

② 局部函数：局部函数是指这个函数只能被当前所在的程序文件使用，工程中的其他源程序文件无法对这个函数进行调用。在函数类型前加入关键字“static（固定的）”，表示该函数为局部函数。

（2）变量的作用范围

根据变量的作用范围，变量可分为全局变量和局部变量。

① 全局变量：全局变量是指在函数外面定义的变量，变量的初始值为0。全局变量的作用时间（释放数据空间和时间）是从变量工程运行开始，到整个工程结束。全局变量的作用范围是整个工程，但是，如果想让其他源文件使用这个全局变量，必须使用关键字“extern”把全局变量声明为外部变量，格式为“extern 数据类型 变量名”。同时全局变量只能用常量或常量表达式进行初始化。

② 局部变量：局部变量是指在函数内部定义的变量，变量的初始值为随机数[20]。局部变量的作用时间是从变量定义的位置（函数调用）开始，到所在的当前函数运行结束。局部变量的作用范围只在定义的函数内有效。

③ 静态变量：静态变量是局部变量的一个特殊情况，在局部变量的数据类型之前加上关键字“static”，就可以把局部变量变成一个静态变量。静态变量有着全局变量的生命周期（作用时间），局部变量的作用域（作用范围）。在函数内部定义，一旦初始化，在程序运行的过程中一直存在，程序即使跳出函数，也不会被释放掉，在下次调用时，不会重新初始化。

3.6 宏定义与模块化编程

3.6.1 宏定义

（1）宏定义概述

宏定义（define）就是替换的意思，把表达式、常量等内容，利用一个自定义的标识符号进行替换，由于宏定义属于预编译处理，所以需要在宏定义前加上#号配合一起使用。

（2）宏定义应用

① 无参宏：无参宏是指这个宏定义不需要参数的输入，仅仅用于替换。使用“#define A B”的格式来进行无参宏的定义。

```
替换一个数据类型：#define uint unsigned int  /* 使用 uint 这个标识来替代有无符号整型数据类型 */
替换一个常量：#define M 10                    /* 使用 M 代替 10 */
```

② 有参宏：有参宏是指在宏定义中具有参数设置的宏定义，其中的参数称为形式参数，在宏调用中的参数称为实际参数。对带参数的宏，在调用中，不仅要宏展开，而且要用实参去代换形参来参与运算[21]。

```
替换一个运算公式：#define M(y) y+y     /* 使用 M(y) 代替 y+y */
替换一个函数：#define LEN(x) strlen(x)  /* 使用 LEN(x) 代替 strlen(x) */
```

3.6.2 条件编译

条件编译是根据实际定义宏进行代码静态编译的手段。可根据表达式的值或某个特定宏是否被定义来确定编译条件。可以简单理解为选择性变量，也可以实现只编译一个文件中的某一部分代码。

（1）条件预编译模型 1

① 模型格式：

```
#ifdef 标识符
    程序段 1
#else
    程序段 2
#endif
```

② 运行规律：如果已经定义标识符，则执行程序段 1。如果未定义，则执行程序段 2。

（2）条件预编译模型 2

① 模型格式：

```
#ifndef 标识符
    程序段 1
#else
    程序段 2
#endif
```

② 运行规律：如果没有定义标识符，则执行程序段 1。如果定义了，则执行程序段 2。

（3）条件预编译模型 3

① 模型格式：

```
#if 条件表达
    程序段 1
#else
    程序段 2
#endif
```

② 运行规律：如果条件表达式的条件为真，则执行程序段 1。如果为假，则执行程序段 2。

3.6.3 模块化编程

模块化编程是指把一个工程中的函数根据功能进行分类，同一类别的函数放到一个单独的 C 源文件中，以便增强工程代码的可阅读性和可移植性，以及有利于程序结构的划分。

（1）模块化编程文件组成

① C 源文件：C 源文件中存放工程的功能函数定义以及一些可调用的局部变量或全局变量的定义等。

② H 头文件：H 头文件中是对于其相关的源文件的接口声明，存放的是预编译指令、C 执行文件中工程函数的函数声明、外部变量声明、一些非执行性代码（宏定义）以及类型定义等。

（2）头文件使用

① 头文件编写：首先使用条件预编译处理命令对头文件进行防止重复编译。一般使用“#ifndef ---- #define ---- #endif”条件预编译语句编写，格式如下：

```
#ifndef  __头文件标识符_H__     /* 如果没有定义指定的头文件 */
#define  __头文件标识符_H__     /* 定义头文件 */
#endif                         /* 结束如果 */
```

② H 头文件使用：如果使用某个 C 源文件中的函数，则需要在当前 C 源文件中包括被调用的头文件。

3.7 模块化编程软件设计

首先把点亮 LED 工程模块化，新建 led.c 和 led.h 文件，然后把 led 相关程序封装成子函数放到 led.c 内，main.c 内只写主函数。

新建 led.c 和 led.h 文件（图 3.1）,保存到工程的 user/API 目录下（图 3.2），保存后的 led.c 和 led.h 文件如图 3.3 所示。

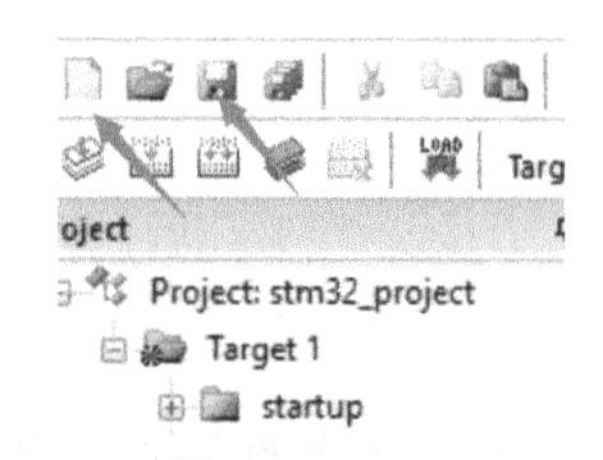

图 3.1　新建 led.c 和 led.h 文件

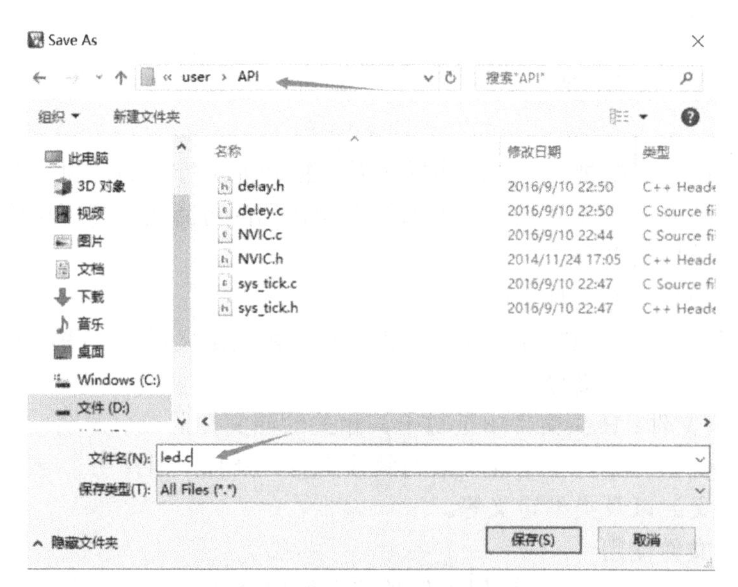

图 3.2　保存新建 led.c 和 led.h 文件

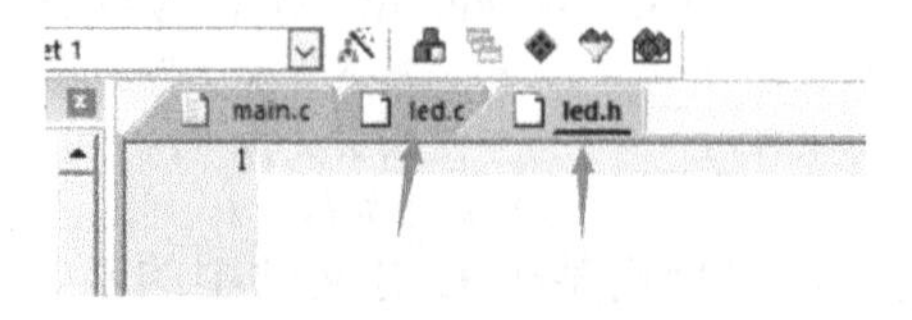

图 3.3　保存后的 led.c 和 led.h 文件

① 双击工程目录 user,把刚才创建的 led.c 文件添加到工程中，如图 3.4～图 3.6 所示。

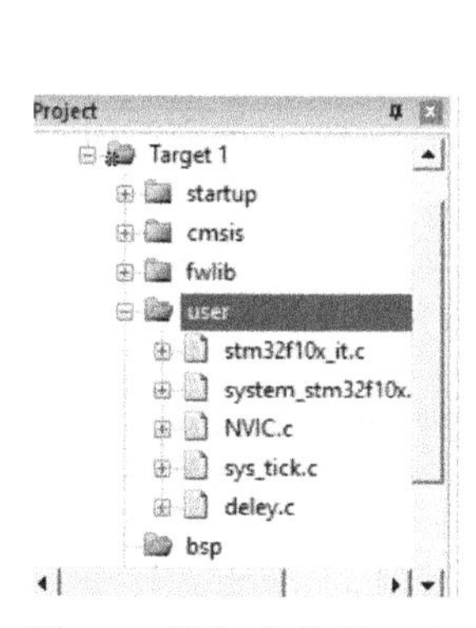

图 3.4　添加文件第一步

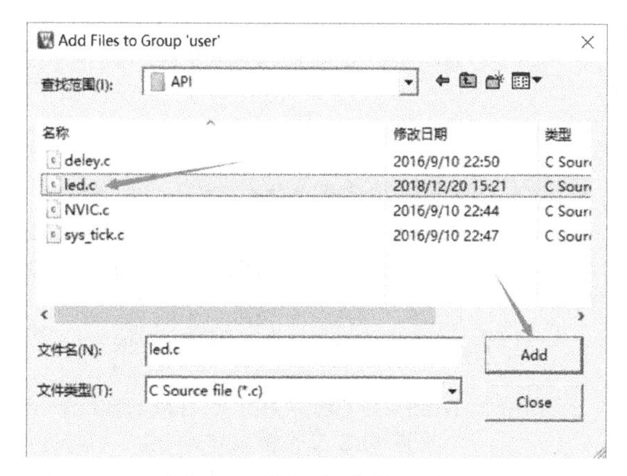

图 3.5　添加文件第二步

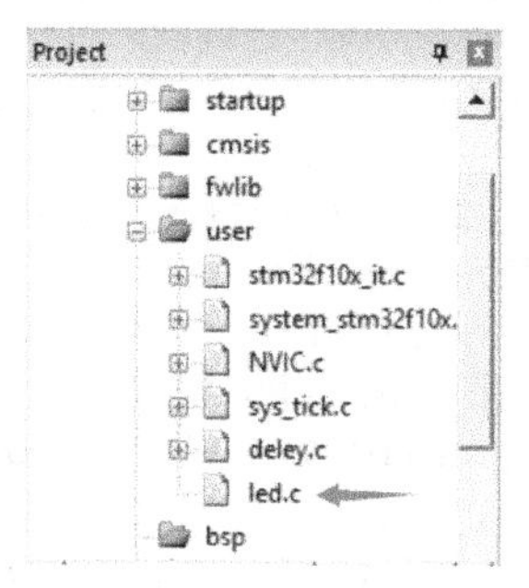

图 3.6　添加文件第三步

② 编写程序。

Led.c 文件：

```
// Description: LED1、LED2、LED3、LED4 GPIO 初始化
// Author: ZZH
// Version: V1.0
// Date: 2018-12-15
// Explain: LED4--PA6 LED3--PA5  LED2--PE5  LED1--PB5 --- 推挽输出
#include "stm32f10x.h"
void led_Init(void)
{
    GPIO_InitTypeDef  GPIO_InitStructure; /* 定义一个结构体类型变量 */
    /* 开启 GPIOA、GPIOB、GPIOE 端口模块的时钟 */
    RCC_APB2PeriphClockCmd(RCC_APB2Periph_GPIOA|RCC_APB2Periph_
GPIOE|RCC_APB2Periph_GPIOB, ENABLE); /* 使能 GPIOA、GPIOE、GPIOB 时钟 */
        /* 设置 PA5、PA6 工作模式 */
```

```
    GPIO_InitStructure.GPIO_Pin     = GPIO_Pin_5|GPIO_Pin_6; /* 使用端口编号 5、6 */
    GPIO_InitStructure.GPIO_Speed  = GPIO_Speed_50MHz; /* 输出速度 50M */
    GPIO_InitStructure.GPIO_Mode   = GPIO_Mode_Out_PP; /* 推挽输出功能 */
    GPIO_Init(GPIOA, &GPIO_InitStructure); /* 初始化 GPIOA 组 */

    /* 设置 PE5 工作模式 */
    GPIO_InitStructure.GPIO_Pin     = GPIO_Pin_5; /* 使用端口编号 5 */
    GPIO_InitStructure.GPIO_Speed  = GPIO_Speed_50MHz; /* 输出速度 50M */
    GPIO_InitStructure.GPIO_Mode   = GPIO_Mode_Out_PP; /* 推挽输出功能 */
    GPIO_Init(GPIOE, &GPIO_InitStructure); /* 初始化 GPIOE 组 */
        /* 设置 PB5 工作模式 */
    GPIO_InitStructure.GPIO_Pin     = GPIO_Pin_5; /* 使用端口编号 5 */
    GPIO_InitStructure.GPIO_Speed  = GPIO_Speed_50MHz; /* 输出速度 50M */
    GPIO_InitStructure.GPIO_Mode   = GPIO_Mode_Out_PP; /* 推挽输出功能 */
    GPIO_Init(GPIOB, &GPIO_InitStructure)[22]; /* 初始化 GPIOB 组 */
    /* PA6 输出高电平 熄灭 LED4 */
    GPIO_SetBits(GPIOA,GPIO_Pin_6); /*  GPIOA.6 */
        /* PA5 输出高电平 熄灭 LED3 */
    GPIO_SetBits(GPIOA,GPIO_Pin_5); /*  GPIOA.5 */
/* PE5 输出高电平 熄灭 LED2 */
    GPIO_SetBits(GPIOE,GPIO_Pin_5); /*  GPIOE.5 */
/* PB5 输出高电平 熄灭 LED1 */
    GPIO_SetBits(GPIOB,GPIO_Pin_5); /*  GPIOB.5 */
}
```

Led.h 文件：

```
#ifndef _LED_H_
#define _LED_H_
void led_Init(void);//声明 led_Init 函数
#define LED1_ON GPIO_ResetBits(GPIOB,GPIO_Pin_5)
#define LED2_ON GPIO_ResetBits(GPIOE,GPIO_Pin_5)
#define LED3_ON GPIO_ResetBits(GPIOA,GPIO_Pin_5)
#define LED4_ON GPIO_ResetBits(GPIOA,GPIO_Pin_6)
#define LED1_OFF GPIO_SetBits(GPIOB,GPIO_Pin_5)
#define LED2_OFF GPIO_SetBits(GPIOE,GPIO_Pin_5)
#define LED3_OFF GPIO_SetBits(GPIOA,GPIO_Pin_5)
#define LED4_OFF GPIO_SetBits(GPIOA,GPIO_Pin_6)
#endif
```

Main.c 文件：

```
// 主函数
#include "stm32f10x.h"
#include "led.h"//包含 led.h 头文件
int main()
{
    led_Init();//调用 led 初始化函数
    LED1_ON;//点亮 LED1
    LED2_ON;//点亮 LED2
    LED3_ON;//点亮 LED3
    LED4_ON;//点亮 LED4
    while(1)
    {
    }
}
```

思考

用模块化编程的方式，驱动蜂鸣器喇叭 BEEP，蜂鸣器电路图见图 3.7。

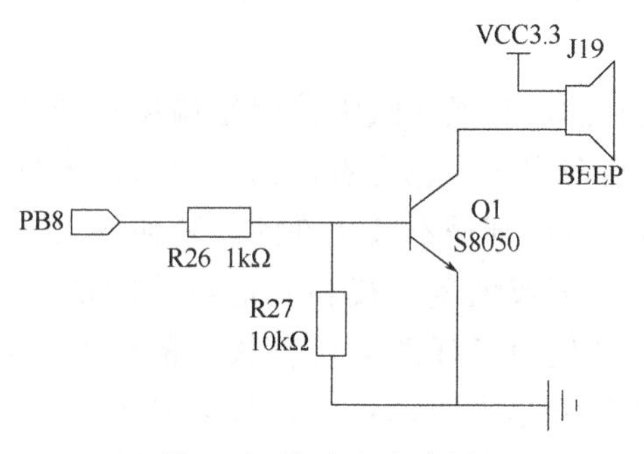

图 3.7　蜂鸣器电路图

课后资料

查看 

下载 

第4章 GPIO端口输入模式

4.1 嵌入式C语言基本结构

正如我们前面提到的，在嵌入式中使用结构化C语言。C语言的基本要素是由结构化构成的，它在程序中包含着，出口和入口各只有一个，偶尔中途插入或以模块的其他路径退出都是不被允许的。随便跳入或跳出一个模块在结构化编程语言没有妥善保护或恢复堆栈和其他相关的寄存之前是不应该的。在这种结构化语言中，当使用了任意的可以接受的命令，在要退出中断时，堆栈不会崩溃。许多语句被基本结构包含，许多基本结构被模块包含，而这些模块就组成了结构化程序。总之，顺序结构、选择结构、循环结构是C语言的三种结构。

4.1.1 顺序结构

顺序结构是最基础的编程结构之一，它没有控制语句。在顺序结构中，程序指令代码是从最上面开始直到最下面结束执行的（即从低到高执行）。顺序结构流程如图4.1所示，程序开始执行后，先执行A，A如果没有执行完，不会执行B，只有当执行完A之后，才执行B，最后结束整个程序。

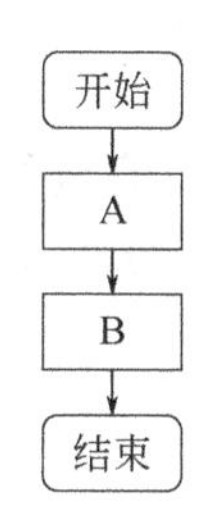

图 4.1　顺序结构流程

4.1.2　选择结构

分支结构一共有两条控制语句，其中选择结构用来判断是否达到要求，然后根据选择结构判断的指令来控制程序进行工作。在选择结构中，程序对第一个条件进行判断，假如条件是真的，那就执行 Y 程序；假如条件是假的，就执行 N 程序，如图 4.2 所示。

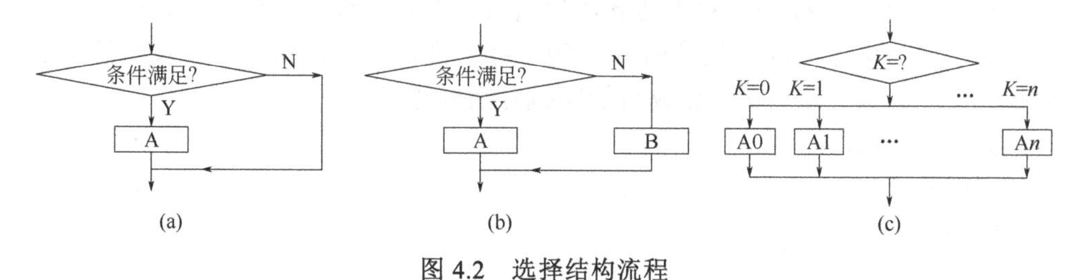

图 4.2　选择结构流程

在嵌入式 C 语言中，一共有 2 条选择语句。

（1）if…else 选择语句

1）语句关键字：if（如果）、else（否则，其他）。

2）语句形式：

① 基本形式 if 语句。

a．语句语义：如果判断条件的值为真，就会执行后面的程序，否则就不会执行后面的程序。

b．语句格式：

```
if(条件表达式)
     {
          执行语句或程序段;
     }
```

c．语句应用：先对表达式的值进行判断，如果为真，则执行“{}”中的执行语句或程序段。

② if…else 单条件选择语句。

a．语句语义：先对条件表达式的值进行判断，如果为真，就会执行语句 1 或程序段 1。反之，执行语句 2 或程序段 2。其语句执行过程可表示为图 4.2（b）。

b．语句格式：

```
if(条件表达式)
{
    执行语句 1 或程序段 1;
}
else
{
    执行语句 2 或程序段 2;
}
```

c．语句应用：先对表达式的值进行判断，判断真假。如果为真，则执行 if 下面“{}”中的执行语句 1 或程序段 1。如果为假，则执行 else 下面“{}”中的执行语句 2 或程序段 2。

③ if…else if…else 多条件选择语句

a．语句语义：按顺序对表达式的值进行判断，如果某个值为真，就去执行相应的语句。执行完成后就跳出 if 语句，继续执行程序。如果表达式的值全都是假的，就去执行语句 n，完成后继续执行后续程序。

b．语句格式：

```
if(表达式 1)
{
    执行语句 1 或程序段 1;
}
else if(表达式 2)
{
    执行语句 2 或程序段 2;
}
……
else
{
    执行语句 3 或程序段 3;
}
```

c．语句应用：先对表达式 1 的值进行判断，如果为真，执行 if 下{}里面的执行语句 1 或程序段 1。如果为假，往下计算表达式 2 的值，判断真假，如果为真，执行 else if 下{}里面的执行语句 2 或程序段 2，依次类推，当所有条件都不成立的时候，执行 else 下{}里面的执行语句 3 或程序段 3。

3）用 if 语句应注意以下问题：

① 不管哪种 if 语句，表达式应该是 if 关键字后面括号中内容的全部。这个表达式的内容一般是逻辑表达式或关系表达式，但它也可以是其他表达式，

如可以是赋值表达式，也可以是变量。例如：if(*x*=5) 语句；if(*y*)语句；都是允许的。只要表达式的值不是“0”，那么结果就为“真”。

② 想要在 if 语句的 3 种形式中，执行满足条件的一组语句，就必须组成一个用{ }括起来的复合语句。需要注意的是，“;”不能加在“}”后面。

（2）switch…case 选择语句

① 语句关键字：switch（开关）、case（情况）、break（打断，停止）、default（默认）。

② 语句格式：

```
switch(整型表达式)
{
    case 整型常量表达式 1: 程序段 1; break;
    case 整型常量表达式 2: 程序段 2; break[23];
    case 整型常量表达式 3: 程序段 3; break;
    case 整型常量表达式 4: 程序段 4; break;
    default: 程序段 5; break;
}
```

③ 语句应用：首先计算整型表达式的值，然后验证传递的值和第一个 case 后的整型常量表达式做比较。如果相同，执行当前 case 后的程序段，然后通过 break 跳出 switch 语句。如果不同，就和下一个 case 后的整型常量表达式做比较。如果相同，执行当前 case 后的程序段，然后通过 break 跳出 switch 语句，依次类推，如果传递的值不同于 case 后所有整型常量表达式，那么执行 default 后的程序段，然后通过 break 跳出 switch 语句。

小知识

整型表达式是指表达式的结果为整型；整型常量表达式是指表达式是常量，结果是整型。另外，在使用 switch 语句时，必须向 switch 传递一个值（这个值必须是确定的，不能是随机数），并且如果没有 break，依次对 case 后的整型常量表达式进行判断。如果相等，后面的 case 就直接执行后面的语句，无需再次判断。同时 case 后的值必须是常量，并且是唯一的。

4.1.3 循环结构

循环结构是指在程序中需要反复执行某个功能而设置的一种程序结构，循环结构流程如图 4.3 所示。在循环结构中，常用两种模型来表示循环的条件或控制循环的次数：一种是循环次数已知，在整个循环的过程中，只关注过程次数，得到一个结果，但次数是固定的，结果是不确定的；另一种是循环次数未知，但循环的结果是确定的，一旦到达循环的结果和目的，立即停止循环。

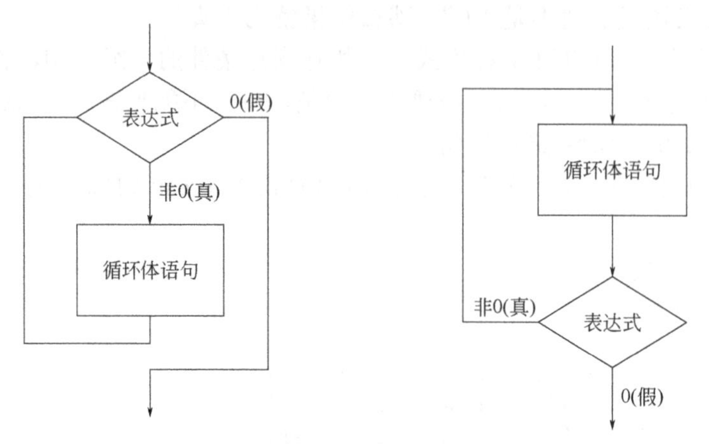

图 4.3　循环结构流程

循环程序一般包括以下四个部分。

① 初始化：设置循环开始的状态。

② 循环体：重复执行的程序段就是循环体，它是循环结构的基本部分。

③ 循环控制：包括修改控制变量并对循环进行判断，判断其是否继续，修改控制变量是为下一次的循环判断做准备，当最终变量满足结束条件时，就结束循环；反之，继续循环。

④ 结束：存放结果或做其他处理。

在嵌入式 C 语言中，一共有 3 条循环语句。

（1）while 循环语句

① 语句关键字：while（当……的时候）。

② 语句格式：

```
while(表达式/循环条件)
{
    循环体执行语句;
}
```

③ 语句应用：首先计算表达式的值，判断真假或验证循环条件是否为真。如果为真（非 0），执行{}里面的循环体执行语句，然后再验证循环条件或表达式的值。如果为假（0），结束当前循环语句。

（2）do…while 循环语句

① 语句关键字：do（做）、while（当……的时候）。

② 语句格式：

```
do
{
```

```
    循环体执行语句;
}while(表达式/循环条件);
```

③ 语句应用：先执行一次{}里面的循环体执行语句，再计算表达式的值，判断真假或验证循环条件是否为真。如果为真（非 0），执行{}里面的循环体执行语句，然后再验证循环条件或表达式的值。如果为假(0)，结束当前循环语句[24]。

（3）for 循环语句

① 语句关键字：for（foreach 为每个）。

② 语句格式：

```
for(语句 1; 语句 2; 语句 3)
{
    循环体执行语句;
}
```

a. 语句 1：赋值表达式，对循环的变量进行初始化。如果已经存在初始化，可以不写。

b. 语句 2：条件表达式，规定执行循环的条件。

c. 语句 3：循环变量表达式，执行对循环变量的操作。

③ 语句应用：进行第一次循环之前，先计算语句 1 中的赋值表达式，然后再根据语句 2 中的条件表达式来验证条件是否为真。如果条件为真，执行大括号“{}”中的循环体执行语句。执行完之后，再执行语句 3 中的循环变量表达式，然后再次验证语句 2 中的条件表达式来验证条件是否为真，依次类推，直到条件为假，结束循环。

4.1.4 转移语句

我们认识到，程序仅仅依靠从上到下的顺序进行读写的话，是不够的。因此，如果需要改变程序的正常流向，可以使用转移语句来实现。在嵌入式 C 语言中，一共有 4 条转移语句。

（1）break 停止语句

① 语句关键字：break（打断、破坏），放在循环语句体内，用于提前中止或结束循环操作。

② 语句格式：break。

③ 语句应用：使用 break 可以跳出 switch 语句或本层循环，然后执行后面的程序，但是它只能在 switch 语句或循环语句中使用。

（2）continue 中止语句

① 语句关键字：continue（继续，一次失败后，继续下一次），放在循环语句体内，终止本次循环，从下一次循环开始。

② 语句格式：continue。

③ 语句应用：continue 语句只能用在循环体中。整个循环语句不会被 continue 语句结束，continue 只能结束当前这一次执行的循环，continue 之后的语句不会被执行，而是转到判断和执行下一次循环条件。continue 语句一般在正式的程序中不使用，只用于程序调试时。

（3）return 返回语句

① 语句关键字：return（返回）放在函数体内，用于结束函数的运行。如果 return 语句在主函数内部，则会结束整个程序。

② 语句格式：return、return 表达式/变量/值。

③ 语句应用：return 主要是用于结束函数。除可以结束函数以外，return 还可以返回一个数据给上一级函数。

（4）goto 转移语句

① 语句关键字：goto（去哪儿），主要用于让程序无条件地跳转到指定标签名，然后开始往下执行。

② 语句格式：

```
标签名:
    程序段;
goto 标签名;
```

③ 语句应用：

a．往下跳转：忽略某些语句，让某些语句不执行，类似选择结构的效果，常用于快速地跳出多重循环。

b．往上跳转：让某些语句重复执行多次，类似循环结构的效果，常用于模拟循环结构。

4.2 嵌入式单片机输入系统

4.2.1 单片机按键介绍

嵌入式单片机中最常用的输入设备就是按键，在人机交互界面，用户可以通过按键完成向单片机输入指令、地址和数据等操作。独立式按键和矩阵式按键是常用的两种按键电路。因为在独立式按键中，按键各自与独立的输入线路连接，所以独立式按键比较简单[25]，如图 4.4 所示。

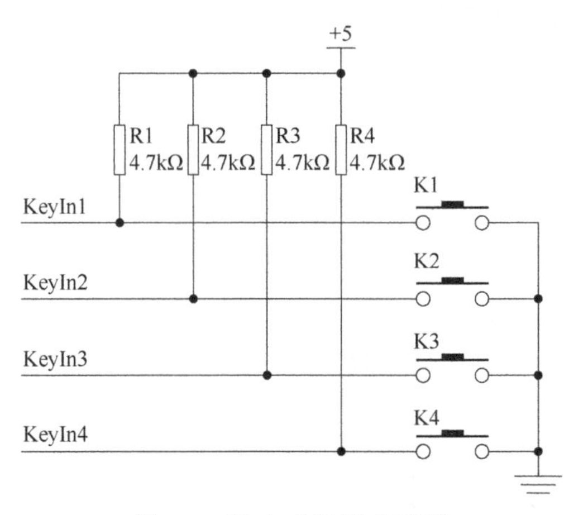

图 4.4 独立式按键电路图

4.2.2 GPIO 输入功能程序设计

（1）硬件原理图

Cortex-M3 开发板按键模块电路如图 4.5 所示。

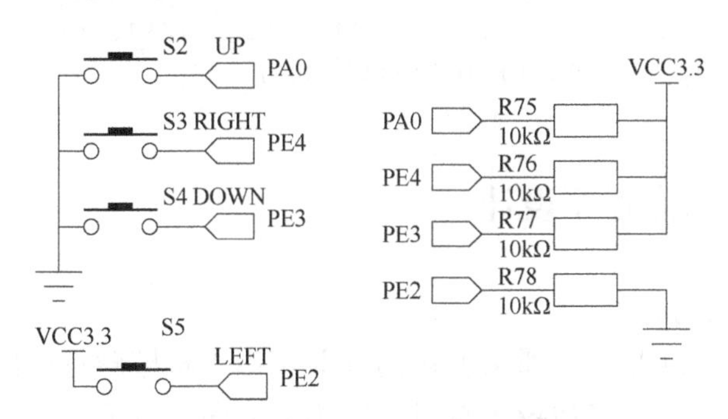

图 4.5 Cortex-M3 开发板按键模块电路图

（2）原理图分析

从图 4.5 中可以看出，KEY1 按键的一端连接到 3.3V 电源正极，另外一端连接到 PA0 端口，如果按下 KEY1（S2）按键，那么 PA0 的管脚将会得到高电平状态值。KEY2（S5）、KEY3（S4）和 KEY4（S3）按键的一端接地，另外一端分别连接到 PE2、PE3、PE4 端口上，当逐一按下这些按键，它们对应的 GPIO 端口就会得到一个低电平状态值。所以我们判断按键是否按下，只要判断按键对应的 GPIO 端口是否为有效电平即可。

（3）Key 初始化程序示例

Key.c 文件：

```
#include "stm32f10x.h"
#include "key.h"
#include "delay.h"
// Description: 初始化按键 GPIO 管脚
// Author: ZZH
// Version: V1.0
// Date: 2018-12-12
// Explain: UP-->PA0  RIGHT-->PE4 DOWN-->PE3 LEFT-->PE2
void Key_Init(void)
{
    GPIO_InitTypeDef GPIO_InitStruct;
    /* 使能 PA、PE 时钟 */
    RCC_APB2PeriphClockCmd(RCC_APB2Periph_GPIOA|RCC_APB2Periph_
GPIOA,ENABLE);
    /* 配置 PA0 为浮空输入模式 */
    GPIO_InitStruct.GPIO_Mode = GPIO_Mode_IN_FLOATING;//浮空输入
    GPIO_InitStruct.GPIO_Pin = GPIO_Pin_0;
    GPIO_Init(GPIOA,&GPIO_InitStruct);
        /* 配置 PE4、PE3、PE2 为浮空输入模式 */
    GPIO_InitStruct.GPIO_Mode = GPIO_Mode_IN_FLOATING;//浮空输入
    GPIO_InitStruct.GPIO_Pin = GPIO_Pin_4|GPIO_Pin_3|GPIO_Pin_2;
    GPIO_Init(GPIOE,&GPIO_InitStruct);
}
```

4.2.3 按键扫描程序设计

（1）按键开关抖动

机械弹性开关就是按键通常使用的开关。由于机械触点内部的弹性，在机械按键被按下的时候，当按键闭合时，它不会立即稳定下来。同样，在断开的时候，它也不会立即断开，而是在它闭合和断开的瞬间会产生一连串的抖动[26]。按键的这种性质会导致按键的时候会被多次误读。按键稳定闭合时间长短由按键操作人员决定，一般会在 100ms 以上，如果刻意地快速按下按键，按键稳定闭合时间可能只有 40～50ms。按键的机械特性决定其抖动时间一般在 10ms 之内[27]。抖动必须去除，其原因在于我们要确保 CPU 对按键的一次闭合仅做一次处理。按键去除抖动的核心理念是，当检测到按键状态发生变化时，不是立即去响应按键工作，而是先等待按键闭合，或按键断开彻底稳定后，再对按键进行处理[28]。图 4.6 为按键抖动过程。

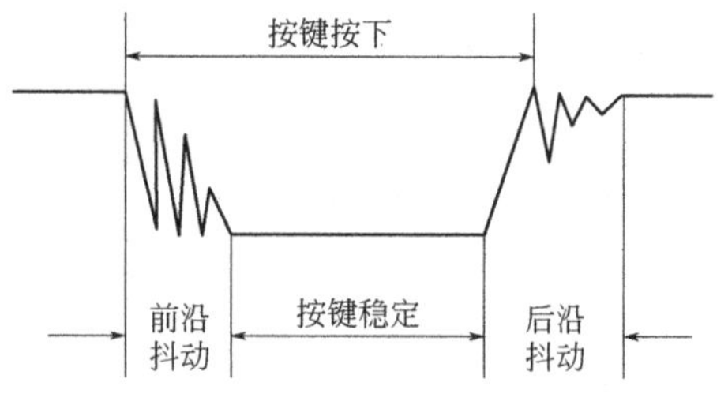

图 4.6　按键抖动过程

（2）按键去除抖动的方法

消除抖动的方法有硬件和软件两种。

① 硬件方法：常用硬件方法为在按键两端加上 1 个大小为 0.1μF 的滤波电容或使用 RS 触发器电路来对按键进行消抖。

② 软件方法：常用的软件方法为延时消抖和判断对比消抖。

a．延时消抖。是指当检测出按键闭合后，执行一个 10～20ms 的延时程序，再一次检测按键的状态。如果仍保持闭合状态，则确认真正有按键按下[29]。

b．判断对比消抖。是指通过连续读出多次按键的返回值(通常是 3～5 次)，然后判断对比这几次读出的按键状态值是否相同。如果相同，则证明这个按键值有效。

（3）按键扫描程序示例

Key.c 文件：

```
// Description：按键扫描函数
// Author：ZZH
// Version：V1.0
// Date：2018-12-12
// Explain：使用延时消抖方式
// 返回值：按键没有按下--0  UP--1  RIGHT--2  DOWN--3  LEFT--4
u8 Key_Scan(void)
{
    u8 key_value = 0;
    if(GPIO_ReadInputDataBit(GPIOA,GPIO_Pin_0) == 0)//如果 PA0 为低电平
    {
        Delay_ms(20);
        if(GPIO_ReadInputDataBit(GPIOA,GPIO_Pin_0) == 0)//如果 PA0
还为低电平，则是正常按下
        {
            key_value = 1;
            while(GPIO_ReadInputDataBit(GPIOA,GPIO_Pin_0) == 0);
//等待 PA0 为高电平通过(松手检测)
        }
    }
```

```
        if(GPIO_ReadInputDataBit(GPIOE,GPIO_Pin_4) == 0)//如果PE4为低电平
        {
            Delay_ms(20);
            if(GPIO_ReadInputDataBit(GPIOE,GPIO_Pin_4) == 0)//如果PE4
还为低电平，则是正常按下
            {
                key_value = 2;
                while(GPIO_ReadInputDataBit(GPIOE,GPIO_Pin_4) ==
0);//等待PE4为高电平通过(松手检测)
            }
        }
        if(GPIO_ReadInputDataBit(GPIOE,GPIO_Pin_3) == 0)//如果PE3为低电平
        {
            Delay_ms(20);
            if(GPIO_ReadInputDataBit(GPIOE,GPIO_Pin_3) == 0)//如果PE3
还为低电平，则是正常按下
            {
                key_value = 3;
                while(GPIO_ReadInputDataBit(GPIOE,GPIO_Pin_3) ==
0);//等待PE3为高电平通过(松手检测)
            }
        }
        if(GPIO_ReadInputDataBit(GPIOE,GPIO_Pin_2) == 1)//如果PE2为高电平
        {
            Delay_ms(20);
            if(GPIO_ReadInputDataBit(GPIOE,GPIO_Pin_2) == 1)//如果PE2
还为高电平，则是正常按下
            {
                key_value = 4;
                while(GPIO_ReadInputDataBit(GPIOE,GPIO_Pin_2) == 1);
//等待PE2为低电平通过(松手检测)
            }
        }

        return key_value;

    }
```

（4）按键控制 led 程序示例

Main.c 文件：

```
//主函数
#include "stm32f10x.h"
#include "led.h"//包含led.h头文件
#include "key.h"//包含key.h头文件
#include "delay.h"//包含delay.h文件夹
int main()
```

```
{
    u8 key;
    Delay_Init();//延时初始化，调用原因是 key_scan 函数内部使用了延时函数
    led_Init();//调用 led 初始化函数
    Key_Init();//调用 key 初始化函数

    while(1)
    {
        key = Key_Scan();
        if(key == 1)
        {
            //检测到上键按下
            LED1_ON;
        }
        else if(key == 2)
        {
            //检测到右键按下
            LED1_OFF;
        }
    }
}
```

思考

如何采用 4 个按键分别控制 LED 和蜂鸣器的通断。

课后资料

下载

第5章 串口通信

5.1 通用 USART 通信介绍

5.1.1 通信的概述

通信是指计算机（单片机）与外界的信息交换的过程。通信协议是指在通信过程中，通信双方都要共同遵守的规则。基本的通信方式有两种：并行通信和串行通信，如图 5.1 所示。

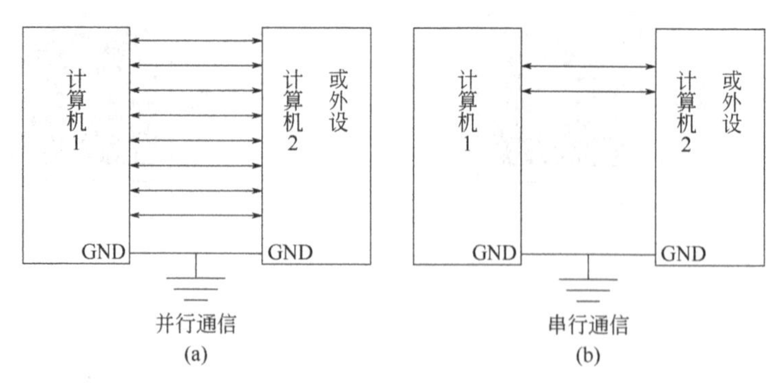

图 5.1 基本通信方式

（1）并行通信（Parallel Communication）

并行通信是指所传送数据的各个位同时发送或接收，如图 5.1（a）所示。其特点：发送一次并行数据需要多少位二进制数，就需要有多少根传输线，通信速度比较快，但价格较贵，大多用在近距离传输上。

（2）串行通信（Serial Communication）

串行通信是指所传送或接收的数据按一定的顺序一位一位地进行发送或接收，如图 5.1（b）所示。其特点：仅需 1～2 根传输线，但由于它每次只能传送 1 位，虽然传输速度较慢，但是可以满足长距离传输的要求。

5.1.2 串行通信分类

串行通信按使用的时钟源不同，可分为异步通信和同步通信两种方式。

（1）异步通信

① 异步通信的含义：异步通信（ASYNC）是指，其时钟频率可以不相同，在通信时不要求基本频率相等的时钟信号。也就是说，接收方的接收速度和发送方的发送速度可以存在一定范围的误差，不要求是绝对相等，但是每个位接收之间的间隔应该相同。由于串口通信属于低速通信，一般情况下，如果接收时间间隔的误差小于 5%时还能正常通信；当误差超过 5%时，就不能正常进行通信了。

② 异步通信的数据格式：在异步通信中，数据或字符逐帧传输。帧定义为一个字符的完整通信格式，通常称为帧格式。最常见的帧格式是以起始位（低级别“0”）开始字符，然后是 5～8 位数据（D_0～D_7），规定低的在前面，高的在后，最后是奇偶校验位，从起始位到终止位形成一个完整的帧，如图 5.2 所示。

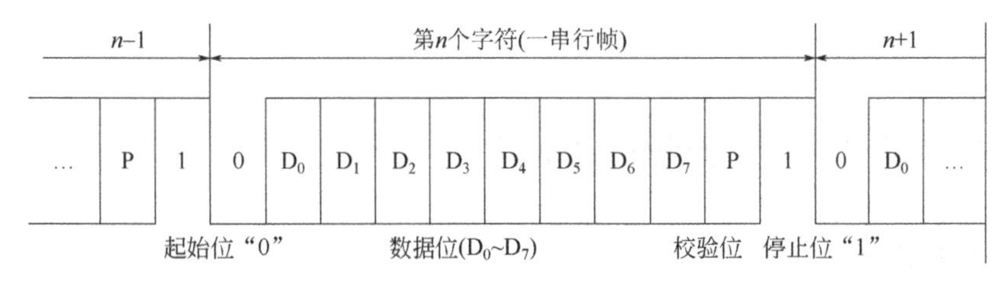

图 5.2 异步通信数据帧格式

a. 起始位：使用 1 个位的低电平“0”来表示通信的开始。

b. 数据位：串行通信所需要传输的数据，数据位的长度为 5～8 位（常用的数据位长度为 8 位）。

c．校验位：校验位在串行通信中是可选项，用于校验数据传输的正确性。校验方法为“奇校验”和“偶校验”。

● 奇校验：数据位加上校验位后，使得传输的数据中数字“1”的个数为奇数。

● 偶校验：数据位加上校验位后，使得传输的数据中数字“1”的个数为偶数。

例如：对于 1101 1110，奇校验为“1”；偶校验为“0”。

d．停止位：用来表示数据通信的结束，使用 1 个位的高电平“1”来表示，停止位长度为 0.5 位、1 位、1.5 位或 2 位（停止位长度是指停止位数据多占用的时间）。停止位的位数越大，不同时钟同步的容忍程度越高，但是传输的速度越慢。

（2）同步通信

① 同步通信的含义：通信收发双方是受同一个时钟源控制，其时钟频率相同。

② 同步通信的数据格式：发送的数据或字符开始处是用同步字符表示数据传输的开始（一般约定为 1～2 个字符），也就是说，当接收方接收到这两个同步字符以后，就知道接下来要发送的是数据流了，如图 5.3 所示。同步字符的内容由发送方和接收方共同约定。同步通信的主要特征是后面的连续传输数据，这里连续传输的数据不是指一个字节，而是比一个字节更多的数据。就好像我们刚刚说过的 IIC 和 SPI 就是同步通信方式，一次可以传输很多个字节的数据。

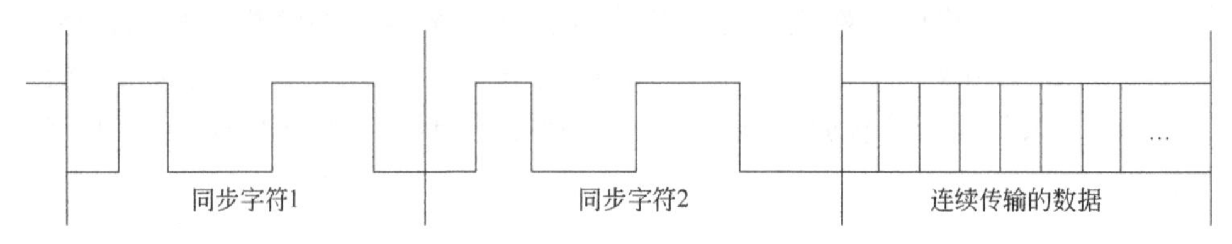

图 5.3　同步通信数据格式

5.1.3　串行通信数据的传输速度

（1）波特率含义

串行通信数据传输的速度称为波特率（也称为比特率），是指 1s 内所传输数据的位的个数（Bit Per Second），英文简称 BPS。

（2）波特率计算

假设数据传输的速率为 120 个字符每秒，每个字符由 1 个起始位、8 个数据位、1 个停止位构成，请问其传输的波特率是多少？

每个字符占用的位数：10 位（1+8+1）。

每秒传输的位数：10×120 = 1200/s。

5.1.4 串行通信工作方式

串行通信的工作方式有单工制式、半双工制式和全双工制式 3 种，如图 5.4 所示。

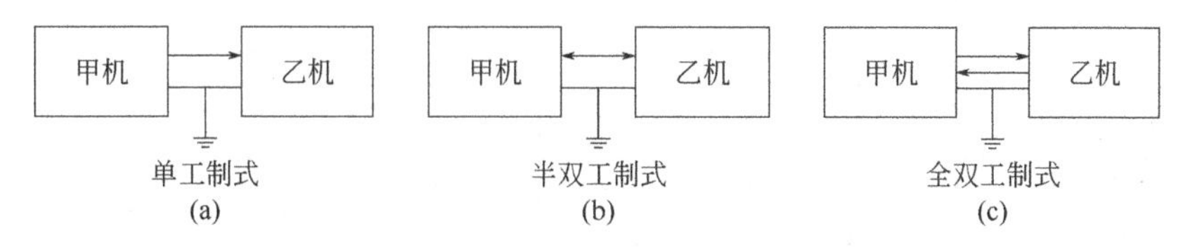

图 5.4 串行通信工作方式

① 单工制式：数据在甲机和乙机之间只允许单方向传输，如图 5.4(a)所示。

② 半双工制式：数据在甲机和乙机之间允许双方向传输，但是它们之间在同一个时刻内只允许数据发送或是数据接收，如图 5.4(b)所示。

③ 全双工制式：数据在甲机和乙机之间允许双方向传输，并且可以在同一个时刻内进行数据的发送和接收，如图 5.4（c）所示。

5.1.5 串口发送数据的格式

① 串口发送数字、字母、符号都是按字符形式发送（除特殊指定以外），是按照 ASCII 码表中的数值发送。

② 串口发送中文汉字按照 GB 2312（中文简体编码表）中的数值发送。

5.2 STM32F10x 芯片 USART 模块介绍

5.2.1 STM32F10x 芯片 USART 模块概述

STM32F10x 芯片的 USART 模块为同步/异步收发器，双向通信方式，能够实现全双工的数据传输和接收。STM32F10x 芯片的 USART 模块一共有 5 个独立的 USART 模块，模块编号为 USART1～USART5，USART1～USART3 模块可以实现同步通信方式，USART1～USART5 模块可以实现异步通信方式，如表 5.1 所示。

表 5.1 USART 模式设置

USART 模式	USART1	USART2	USART3	USART4	USART5
异步模式	X	X	X	X	X
硬件流控制	X	X	X	NA	NA
多缓存通信（DMA）	X	X	X	X	X
多处理器通信	X	X	X	X	X
同步	X	X	X	NA	NA
智能卡	X	X	X	NA	NA
半双工（单线模式）	X	X	X	X	X
IrDA	X	X	X	X	X
LIN	X	X	X	X	X

注：X 表示支持，NA 表示不支持。

5.2.2 STM32F10x 芯片 USART 模块内部框图

USART 模块内部框图如图 5.5 所示。

（1）USART 模块管脚功能

① TX：发送数据输出管脚。

② RX：接收数据输入管脚。

③ SW_RX：数据接收管脚。此管脚属于内部管脚，并没有引出芯片外部管脚，这个管脚只适用于单线模式和智能卡模式。

④ nRTS（Request To Send）：请求以发送信号输出管脚。这个管脚只适用于硬件流控制，n 表示低电平有效。如果使能 RTS 流控制，当 USART 接收器准备好接收新数据时，就会将 nRTS 变成低电平；当接收寄存器已满时，nRTS 将被设置为高电平[29]。

⑤ nCTS（Clear To Send）：清除以发送信号输出管脚。这个管脚只适用于硬件流控制，n 表示低电平有效。如果使能 CTS 流控制，发送器在发送下一帧数据之前会检测 nCTS 引脚。如果为低电平，表示可以发送数据；如果为高电平，则在发送完当前数据帧之后停止发送[30]。

SCLK：时钟输出管脚。这个管脚仅适用于同步模式。

（2）串口数据发送过程

串口数据发送过程中，第③～⑤步由硬件自动完成。

① 在 MCU 中定义需要发送的数据。

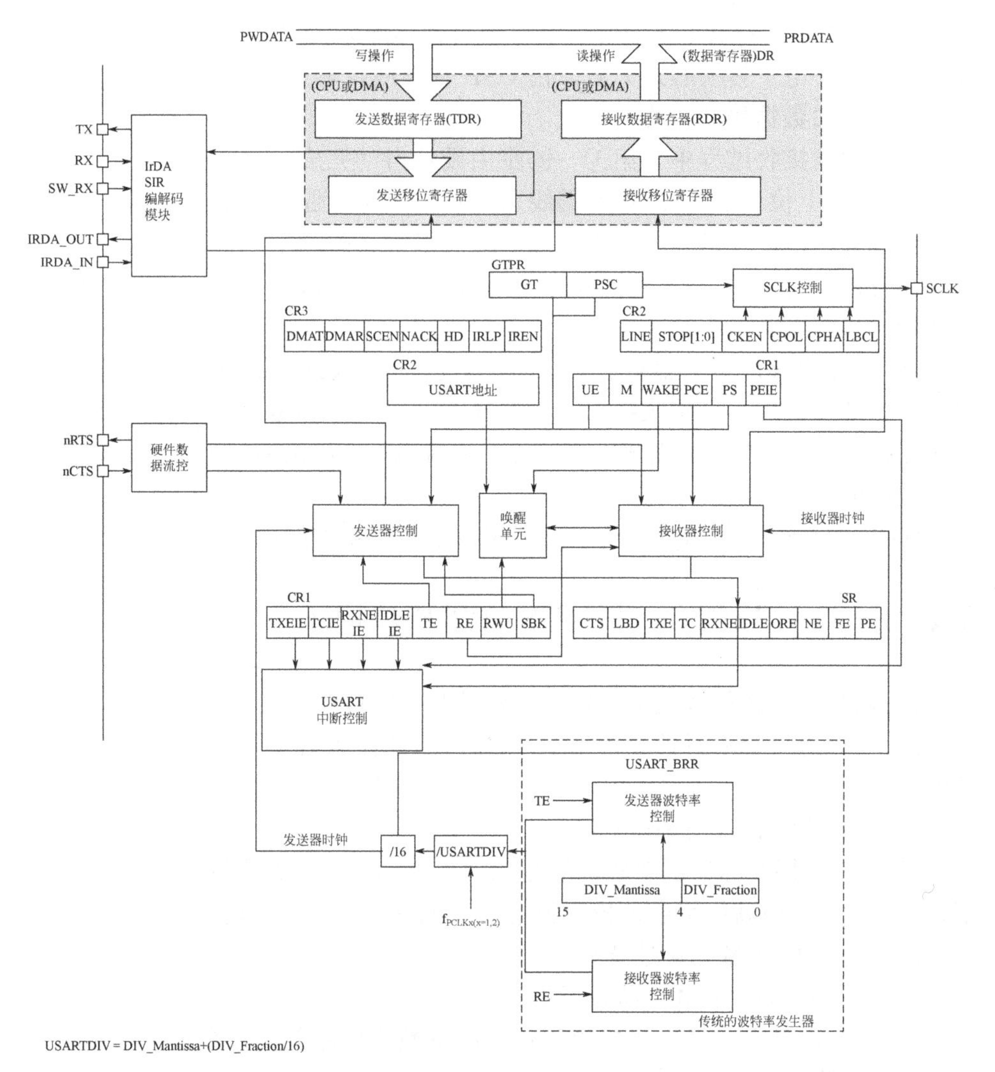

图 5.5　USART 模块内部框图

② 通过内部数据总线把需要发送的数据并行写入USART模块发送数据寄存器。

③ 当发送数据寄存器被写入后，把数据并行传输到发送移位寄存器，并且硬件同时产生一个发送数据寄存器为空的标志（当数据没有转移到发送移位寄存器时，写入新的数据，则发送数据寄存器中旧的数据就会被覆盖）。

④ 发送移位寄存器伴随着已设定好的波特率时钟脉冲，把数据按顺序一位一位地串行发送到发送数据输出管脚（TX），当发送移位寄存器内的数据发送完成后，硬件会产生一个发送传输完成标志。

⑤ 数据在 USART 模块发送数据输出管脚向外发送数据，数据通过 USB 转串口芯片（电平转换芯片）后，由 USB 数据线传输到电脑上位机。

（3）串口数据接收过程

串口数据接收过程中，第①～③步由硬件自动完成。

① 电脑上位机通过 USB 数据线发送数据，数据通过 USB 转串口芯片（电平转换芯片）后，发送到串口接收数据输入管脚（RX）。

② 接收数据输入管脚伴随设定好的波特率时钟脉冲，一位一位地把数据传输到接收移位寄存器中。

③ 当接收移位寄存器接收完数据后，并行把数据存放到接收数据寄存器中，并由硬件产生一个接收数据寄存器非空（已满）标志（当接收数据寄存器中的数据没有读出，又有新来数据，则产生溢出[31]。溢出结果为抛弃新的数据，保留原有的数据）。

MCU 通过内部数据总线读取出接收数据寄存器中的内容。

5.2.3 STM32F10x 芯片 USART 模块特征

1）同步串行通信模式下支持标记校验和空格校验。

2）可以对波特率时钟配置为 16 倍或 8 倍滤波来对不同时钟速度之间的误差容忍。

3）支持小数位波特率时钟。

4）可以根据实际情况要求设置数据位长度为 8 位（如果在使用校验的情况下，8 位数据的最高位将会被校验位覆盖）或 9 位（包含校验位）。

5）支持 DMA 数据高速传输。

6）USART 模块有 3 个状态标志。

① 接收缓冲区已满（当接收移位寄存器数据转移到接收数据寄存器中时，硬件产生接收缓冲区已满标志）。

② 发送缓冲区为空（当发送数据寄存器的数据转移到发送移位寄存器中时，硬件产生发送缓冲区为空标志）。

③ 传输结束标志（当发送数据寄存器和发送移位寄存器中都为空时，硬件产生传输结束标志）。

7）STM32F10x 的 USART 模块不仅能发送奇偶校验，也能对接收到的数据的奇偶校验进行解析。

8）USART 模块具有 4 个错误状态标志。

① 溢出错误（当接收数据寄存器中的数据没有被读出，又有新来的数据，硬件产生溢出错误标志）。

② 噪声检测（干扰错误）。

③ 帧错误（当发送的数据没有按照数据帧的格式发送时，硬件产生帧错误标志）。

④ 奇偶校验错误（当接收到的数据进行奇偶校验时，发送了校验错误，硬件产生奇偶校验错误标志）。

9）USART 模块中断源：CTS 变化（硬件数据流变化）、LIN 停止符检测（LIN 数据传输完成）、发送数据寄存器为空、发送完成、接收数据寄存器已满、接收到线路空闲（USART 线路在忙碌状态转变为空闲的时刻产生）、溢出错误、帧错误、噪声错误、奇偶校验错误。如果发生这些中断状态条件的一个，则会产生一个 USART 模块中断。

10）支持多机级联，以地址为寻址方式。如果地址不匹配，则进入静默模式（低功耗模式）。

11）可以利用公共线路空闲检测以及地址标记检测来对 USART 模块进行唤醒。

12）USART 模块的接收器唤醒模式为地址唤醒和线路空闲唤醒。

5.3 STM32F10x 外设管脚复用

（1）STM32F10x 外设功能管脚复用概念

STM32F10x 芯片所有片内外设模块的功能管脚（除 GPIO 端口以外）都是使用 GPIO 端口的复用功能，并且每个 GPIO 端口都会对应多个复用模块的功能，如表 5.2 所示。

表 5.2 GPIO 管脚复用功能

脚位						管脚名称	类型	I/O电平	主功能（复位后）	可选的复用功能	
BGA144	BGA100	WLCSP64	LQFP64	LQFP100	LQFP144					默认管脚功能	重定义功能
3	3	—	—	1	1	PE2	I/O	FT	PE2	TRACECK/FSMC_A23	无
2	3	—	—	2	2	PE3	I/O	FT	PE3	TRACED0/FSMC_A19	无
2	3	—	—	3	3	PE4	I/O	FT	PE4	TRACED1/FSMC_A20	无
3	3	—	—	4	4	PE5	I/O	FT	PE5	TRACED2/FSMC_A21	无
4	3	—	—	5	5	PE6	I/O	FT	PE6	TRACED3/FSMC_A22	无

（2）STM32F10x 外设管脚设置

STM32F10x 的 GPIO 端口复用只需要按复用外设模块的 GPIO 端口配置要求去配置 GPIO 工作模式（表 5.3），然后直接使用片内外设模块即可。

表 5.3　配置 GPIO 工作模式

USART 功能管脚	USART 模块配置	GPIO 工作模式配置
USARTx_Tx	全双工模式	推挽复用输出
	半双工同步模式	推挽复用输出
USARTx_Rx	全双工模式	浮空输入或带上拉输入
	半双工同步模式	未用，可作为通用 I/O 端口
USARTx_CK	同步模式	推挽复用输出
USARTx_RTS	硬件流量控制	推挽复用输出
USARTx_CTS	硬件流量控制	浮空输入或带上拉输入

注意：本小节仅列出教学中所使用到的相关的外设功能 GPIO 设置，更多的外设功能 GPIO 设置，请参考“STM32 中文参考手册.pdf”文档。

5.4　STM32F10x 芯片 USART 模块相关库函数

注意：本小节仅列出教学中所使用到的相关的 GPIO 模块库函数，更多的库函数介绍请参考“STM32 固件库使用手册的中文翻译版.pdf”文档。

函数分布文件：

① stm32f10x_usart.c。

② stm32f10x_ usart.h。

5.4.1　USART_Init 函数

1）函数原型：void USART_Init(USART_TypeDef* USARTx, USART_InitTypeDef* USART_InitStruct)[11]。

2）函数功能：根据“USART_InitStruct”中指定的参数初始化外设 USART 模块[33]。

3）返回值：无。

4）函数参数：

① USARTx：设置具体使用的 USART 模块编号，如表 5.4 所示。

表 5.4　USARTx 模块使用参数值

USARTx 参数	具体描述
USART1	USART_1 模块
USART2	USART_2 模块
USART3	USART_3 模块
USART4	USART_4 模块
USART5	USART_5 模块

② USART_InitStruct：USART 模块具体的参数配置信息，参数类型如表 5.5 所示。

表 5.5　USART 模块参数配置类型

USART 模块参数	具体描述
USART_BaudRate	USART 模块数据传输波特率设置
USART_WordLength	USART 模块数据位长度设置（具体参数选择如表 5.6 所示）
USART_StopBits	USART 模块停止位长度设置（具体参数选择如表 5.7 所示）
USART_Parity	USART 模块奇偶校验选择（具体参数选择如表 5.8 所示）
USART_HardwareFlowControl	USART 模块硬件流控设置（具体参数选择如表 5.9 所示）
USART_Mode	USART 模块发送模式和接收模式设置（具体参数选择如表 5.10 所示）

表 5.6　具体的数据位长度参数值

USART_WordLength 参数	具体描述
USART_WordLength_8b	数据位长度为 8 位
USART_WordLength_9b	数据位长度为 9 位

表 5.7　具体的停止位长度参数值

USART_StopBits 参数	具体描述
USART_StopBits_0.5	在帧结尾传输 0.5 个停止位
USART_StopBits_1	在帧结尾传输 1 个停止位
USART_StopBits_1.5	在帧结尾传输 1.5 个停止位
USART_StopBits_2	在帧结尾传输 2 个停止位

表 5.8　奇偶校验设置参数值

USART_Parity 参数	具体描述
USART_Parity_No	关闭奇偶校验
USART_Parity_Even	使用偶校验模式
USART_Parity_Odd	使用奇校验模式

注意：奇偶校验一旦使能，在发送数据的 MSB 位插入经计算的奇偶位（字长 9 位时的第 9 位，字长 8 位时的第 8 位）。

表 5.9　硬件流控设置参数值

USART_HardwareFlowControl 参数	具体描述
USART_HardwareFlowControl_None	关闭硬件流控制
USART_HardwareFlowControl_RTS	使能硬件流控制 RTS 请求功能
USART_HardwareFlowControl_CTS	使能硬件流控制 CTS 请求使能
USART_HardwareFlowControl_RTS_CTS	硬件流控制 RTS 和 CTS 均使能

表 5.10　发送和接收参数值

USART_Mode 参数	具体描述
USART_Mode_Tx	使能 USART 模块的发送功能
USART_Mode_Rx	使能 USART 模块的接收功能

5.4.2　USART_Cmd 函数

1）函数原型：void USART_Cmd(USART_TypeDef* USARTx, FunctionalState NewState)。

2）函数功能：开启或关闭 USART 模块[34]。

3）返回值：无。

4）函数参数：

① USARTx：设置具体使用的 USART 模块编号，如表 5.4 所示。

② NewState：USART 模块的具体状态值，如表 5.11 所示。

表 5.11　USART 模块的具体状态值

NewState 状态参数	具体描述
ENABLE	使能 USART 模块
DISABLE	关闭 USART 模块

5.4.3　USART_ITConfig 函数

1）函数原型：void USART_ITConfig(USART_TypeDef* USARTx, uint16_t USART_IT, FunctionalState NewState)[35]。

2）函数功能：开启或关闭 USART 模块的具体中断源中断。

3）返回值：无。

4）函数参数：

① USARTx：设置具体使用的 USART 模块编号，如表 5.4 所示。

② USART_IT：具体中断源名称。

a．USART_IT_PE：奇偶错误中断。

b．USART_IT_TXE：发送中断。

c．USART_IT_TC：传输完成中断。

d．USART_IT_RXNE：接收中断。

e．USART_IT_IDLE：空闲总线中断[35]。

f. USART_IT_LBD LIN：中断检测中断。

g．USART_IT_CTS CTS：CTS 中断。

h．USART_IT_ERR：错误中断。

③ NewState：USART 模块的具体状态值，如表 5.11 所示。

5.4.4 USART_SendData 函数

1）函数原型：void USART_SendData(USART_TypeDef* USARTx, uint16_t Data)。

2）函数功能：USART 模块发送 1 个字节数据[11]。

3）返回值：无。

4）函数参数：

① USARTx：设置具体使用的 USART 模块编号，如表 5.4 所示。

② Data：需要发送的字节数据。

5）配置示例：

```
/* 使用 USART_3 模块发送数据 */
USART_SendData(USART3, 0x26);
```

5.4.5 USART_ReceiveData 函数

1）函数原型：uint16_t USART_ReceiveData(USART_TypeDef* USARTx)。

2）函数功能：读取 USART 模块接收到的字节数据。

3）返回值：接收到的字节数据。

4）函数参数：

USARTx：设置具体使用的 USART 模块编号，如表 5.4 所示。

5）配置示例：

```
/* 读取 USART_2 模块接收到的数据 */
Unsigned int RxData = 0;
RxData = USART_ReceiveData(USART2)
```

5.4.6 USART_GetFlagStatus 函数

1）函数原型：FlagStatus USART_GetFlagStatus(USART_TypeDef* USART*x*, uint16_t USART_FLAG)[37]。

2）函数功能：读取 USART 模块的指定标志位的状态值。

3）返回值：USART 模块指定标志位当前的状态值（SET 或 RESET）。

4）函数参数：

① USART*x*：设置具体使用的 USART 模块编号，如表 5.4 所示。

② USART_FLAG：USATR 模块的具体标志位名称。

a．USART_FLAG_CTS：函数 CTS 标志位。

b．USART_FLAG_LBD：函数 LIN 中断检测标志位。

c．USART_FLAG_TXE：函数发送数据寄存器空标志位。

d．USART_FLAG_TC：函数发送完成标志位。

e．USART_FLAG_RXNE：函数接收数据寄存器非空标志位。

f．USART_FLAG_IDLE：函数空闲总线标志位。

g．USART_FLAG_ORE：函数溢出错误标志位。

h．USART_FLAG_NE：函数噪声错误标志位[38]。

5.4.7 USART_ClearFlag 函数

1）函数原型：void USART_ClearFlag(USART_TypeDef* USART*x*, uint16_t USART_FLAG)。

2）函数功能：把 USART 模块指定标志位状态清零[8]。

3）返回值：无。

4）函数参数：

① USART*x*：设置具体使用的 USART 模块编号，如表 5.4 所示。

② USART_FLAG：USATR 模块的具体标志位名称。

5）配置示例：

```
/* 把 USART_3 模块的溢出错误标志位清零 */
USART_ClearFlag(USART3, USART_FLAG_ORE);
```

5.4.8 USART_GetITStatus 函数

1）函数原型：ITStatus USART_GetITStatus(USART_TypeDef* USARTx, uint16_t USART_IT)。

2）函数功能：检测 USART 模块指定中断源是否发送中断[40]。

3）返回值：USART 模块中断源中断的新状态（SET 或 RESET）。

4）函数参数：

① USARTx：设置具体使用的 USART 模块编号，如表 5.4 所示。

② USART_IT：USATR 模块的具体中断标志位名称。

a．USART_IT_PE：模块中奇偶错误中断。

b．USART_IT_TXE：模块中发送中断。

c．USART_IT_TC：模块中发送完成中断。

d．USART_IT_RXNE：模块中接收中断。

e．USART_IT_IDLE：模块中空闲总线中断。

f．USART_IT_LBD LIN：模块中中断探测中断。

g．USART_IT_CTS CTS：模块中中断。

h．USART_IT_ORE：模块中溢出错误中断[41]。

5.4.9 USART_ClearITPendingBit 函数

1）函数原型：void USART_ClearITPendingBit(USART_TypeDef* USARTx, uint16_t USART_IT)。

2）函数功能：把 USART 模块指定的中断标志位清零[42]。

3）返回值：无。

4）函数参数：

① USARTx：设置具体使用的 USART 模块编号，如表 5.4 所示。

② USART_IT：USATR 模块的具体中断标志位名称。

5）配置示例：

```
/* 把 USART_3 模块的溢出错误中断标志位清零 */
USART_ClearITPendingBit (USART3, USART_IT_ORE);
```

5.5 USART 模块程序软件设计

5.5.1 USART_1 硬件设置

ZZH-Cortex-M 学习开发板 USART_1 使用的是 CH340 这个 USB 转换串口芯片，只需要使用 USB 线连接上电脑，并且电脑上安装了 CH340 芯片的硬件驱动程序，电脑就会生成一个 COM 口，通过使用串口调试软件打开这个 COM 口，就能实现开发板和 PC 机之间的通信了（图 5.6）。开发板上使用的是 PA9 --- RX，PA10 --- TX。

5.5.2 USART1 模块软件设计

（1）USART 模块初始化程序

```
#include "stm32f10x.h"
// Description: 初始化 USART_1 模块
// Author: ZZH
// Version: V1.0
// Intput:
   Boand: 串口使用的波特率
// Date: 2018-12-12
// Explain: USART1_RX --- PA10  USART1_TX --- PA9
void USART_1_Init(u32 Boand)
{
    GPIO_InitTypeDef GPIO_InitStruct; /* 定义 GPIO 模块结构体类型变量 */
    USART_InitTypeDef USART_InitStruct; /* 定义 USART 模块结构体类型变量 */

    /* 设置 USART 模块功能管脚 */
    RCC_APB2PeriphClockCmd(RCC_APB2Periph_GPIOA,ENABLE)[42]; /* 使能 GPIO 端口模块时钟 */
    /* USART1_RX ( PA10 ) 浮空输入 */
    GPIO_InitStruct.GPIO_Pin = GPIO_Pin_10;
    GPIO_InitStruct.GPIO_Mode = GPIO_Mode_IN_FLOATING;
    GPIO_Init(GPIOA,&GPIO_InitStruct)[43];
    /* USART1_TX ( PA9 ) 复用推挽输出 */
    GPIO_InitStruct.GPIO_Pin = GPIO_Pin_9;
    GPIO_InitStruct.GPIO_Mode = GPIO_Mode_AF_PP;
    GPIO_InitStruct.GPIO_Speed = GPIO_Speed_50MHz;
```

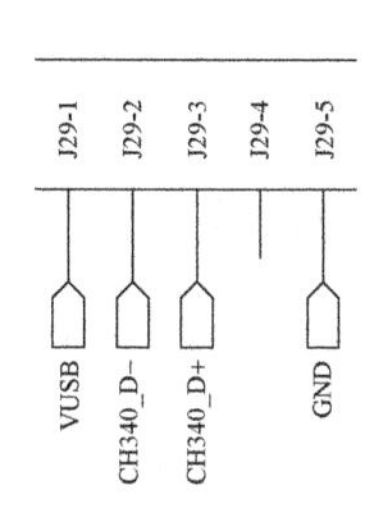

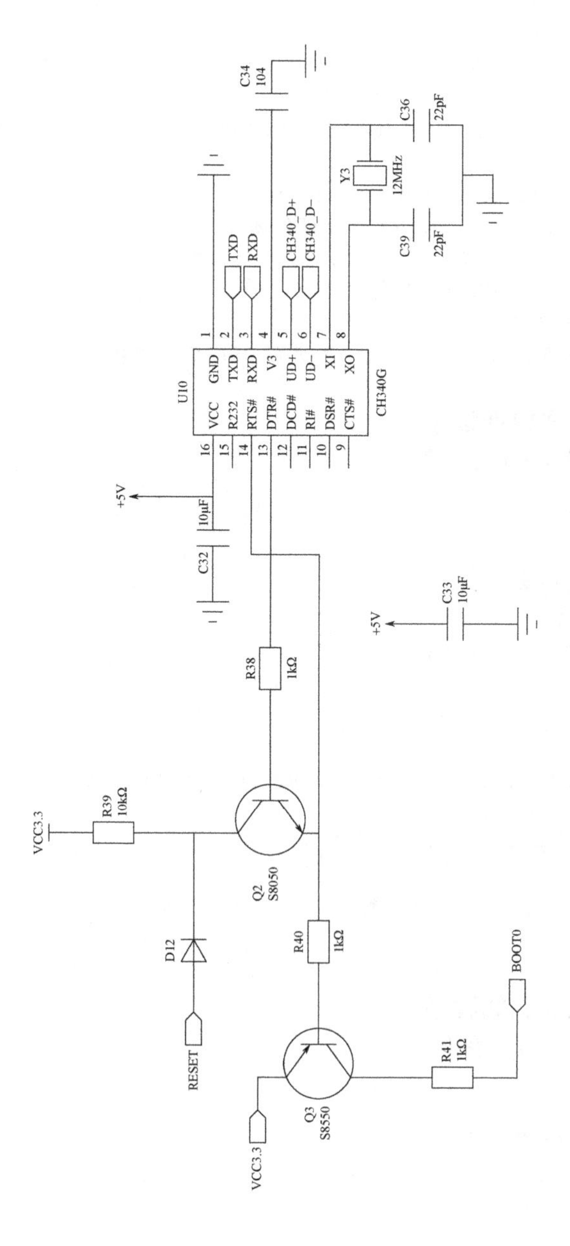

图 5.6 USART_1 模块硬件原理

```
        GPIO_Init(GPIOA,&GPIO_InitStruct)[44];
        /* 设置 USART 模块工作模式 */
        RCC_APB2PeriphClockCmd(RCC_APB2Periph_USART1,ENABLE); /* 使能
USART_1 模块时钟 */
        USART_InitStruct.USART_Mode = USART_Mode_Rx | USART_Mode_Tx;
/* 使能 USART_1 模块发送和接收*/
        USART_InitStruct.USART_BaudRate = Boand; /* 设置 USART_1 模块波
特率 */
        USART_InitStruct.USART_WordLength = USART_WordLength_8b;
/* USART_1 模块 8 位数据长度 */
        USART_InitStruct.USART_Parity = USART_Parity_No; /* USART_1
模块禁止奇偶校验 */
        USART_InitStruct.USART_StopBits = USART_StopBits_1; /* USART_1
模块 1 位停止位 */
        USART_InitStruct.USART_HardwareFlowControl =
USART_HardwareFlow Control_None; /* 禁止硬件流 */
        USART_Init(USART1,&USART_InitStruct); /* 使用
USART_InitStruct 参数初始化 USART_1 模块 */
        /* 使能 USART 模块 */
        USART_Cmd(USART1,ENABLE)[45]; /* 开启 USART_1 模块 */
    }
```

（2）USART 模块发送数据程序

```
    // Description: 串口发送字符串
    // Author: ZZH
    // Version: V1.0
    // Intput:
        * Str: 需要发送的字符串数据
    // Date: 2018-12-12
    void Usart_Send_Str(char *Str)
    {
        while(*Str != '\0' )
        {
            while(USART_GetFlagStatus(USART1,USART_FLAG_TXE) == RESET)
            {
                /* 等待发送完成 */
            }
            USART_SendData(USART1, *Str++); /* 发送字符串中的字符 */
        }
    }
```

（3）USART 模块接收数据程序

```
    // Description: 串口发送字符串
    // Author: ZZH
    // Version: V1.0
    // Return: 返回接收到的数据内容
    // Date: 2018-12-12
```

```
char Usart_Rec_Byte(void)
{
    while(USART_GetFlagStatus(USART1, USART_FLAG_RXNE) == RESET)[46]
    {
        /* 等待接收完成 */
    }
    return (char)(USART_ReceiveData(USART1))[47]; /* 返回 USART 模块
接收到的值 */
}
// Description: 串口发送字符串
// Author: ZZH
// Version: V1.0
// Intput:
// Str: 需要发送的字符串数据
// Date: 2018-12-12
void Usart_Send_Str(char *Str)
{
    while( *Str != '\0' )
    {
        while(USART_GetFlagStatus(USART1,USART_FLAG_TXE) == RESET)
        {
            /* 等待发送完成 */
        }
        USART_SendData(USART1,*Str++); /* 发送字符串中的字符 */
    }
}
```

（4）主程序，通过串口发送字符串给电脑

```
//主函数
#include "stm32f10x.h"
#include "usart.h"
int main()
{
    USART_1_Init(115200);//串口 1 初始化，波特率为 115200
    Usart_Send_Str("hello ZZH\r\n");//通过串口发送"hello ZZH\r\n"
字符串给电脑，\r\n 为换行符
    while(1)
    {
            }
}
```

思考

编写回显程序：接收电脑发送的字符，然后原封不动发送给电脑。

课后资料

下载

第6章 中断系统

6.1 中断介绍

6.1.1 中断和中断源的概念

（1）中断的概念

中断是指CPU在正常运行程序的过程中，由于内部或外部事件引起暂时中止现行程序（现在正在运行的程序），转去执行请求CPU为其服务的那个外设或事件的服务程序，等待该程序执行完成之后，继续从被中断的地方开始执行程序的过程，如图6.1所示。

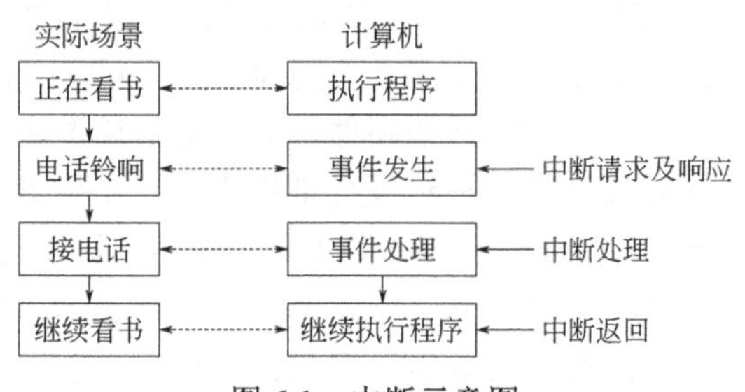

图6.1 中断示意图

（2）中断源的概念

中断源是指打断正常工作（程序）的事件（引起中断的原因）。

6.1.2 中断执行过程

中断执行过程：主程序正在执行代码，执行到某一个地方，突然发生了一个中断请求，这时候 CPU 就会把下一条将要执行的指令的地址送入堆栈保存起来并设置一个断点标识，然后 CPU 根据不同中断源产生的中断查找不同的中断入口地址，进入中断之后，执行中断服务程序处理中断事件，在中断服务程序执行完以后，就从中断处返回主程序的断点处，继续往下执行主程序，如图 6.2 所示。

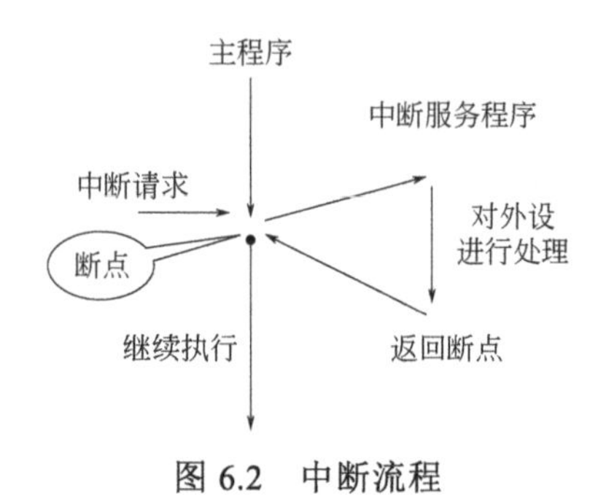

图 6.2　中断流程

6.1.3 中断使用的意义

中断在程序设计里面是非常重要的，如果没有中断，CPU 的工作效率就会大打折扣。在串口模块中，程序使用阻塞的方式查询电脑上有没有给串口发送数据。如果电脑上位机有发送过来数据。串口就接收。如果没有，就一直阻塞，这样 CPU 就做不了别的事情。如果有一种办法不用 CPU 循环查询是否有数据到来，而是硬件自动接收数据，当收到数据时候的自动通知 CPU，这时 CPU 再去把数据读取出来，这样，在没有数据接收到之前，CPU 可以去做其他事情，工作效率自然就提高了。在 CPU 这个硬件里面，就是通过中断这种机制来实现这种要求的。Coetex-M4 每个片上外设硬件都提供了一个中断信号，当每个模块工作在特定状态的时候，它就会给 CUP 发出一个信号，告诉它处于某个阶段了。例如串口，当串口接收到数据的时候，它就会发出一个表示接收到数据的中断信号通知 CPU，CPU 这时候再去读取串口的数据寄存器，取出数据。在没有新数据到来之前，CPU 可以去执行其他代码，这样，CPU 的利用率就大大提升了。

6.1.4 中断优先级和中断嵌套

中断源之间的优先级有高低的区分，优先级高的中断首先执行。此外，低优先级可以由高优先级来中断[48]。也就是说，首先发生一个优先级比较低的中断,CPU 转到其中断服务函数去执行,在执行过程中,如发生更高优先级的中断,那么，CPU 同样中止当前的代码，转到高优先级的中断源对应的中断入口去执行中断服务函数，当高优先级中断服务函数执行完成后，它将从原先被中断的低优先级的中断服务函数断点处再次运行，运行完成后，返回主程序的断点处继续运行，这种现象就叫作中断嵌套，如图 6.3 所示。

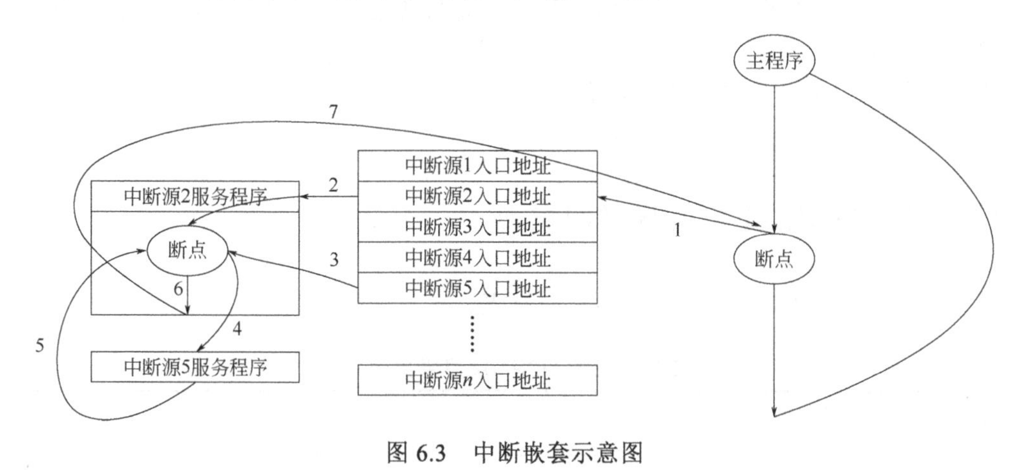

图 6.3　中断嵌套示意图

6.2 STM32F10x 中断系统介绍

6.2.1 NVIC 控制器介绍

（1）NVIC 控制器概述

NVIC 是嵌套矢量中断控制器的简称，它是内嵌在 Cortex-M 内核当中。这个控制器主要功能是实现芯片上的中断处理功能。Cortex-M 内核一共支持 256 个中断，其中有 16 个 Cortex-M 内核中断以及 240 个与片内外设相关的中断，并且 16 个 Cortex-M 内核占用的中断是不可屏蔽、不可更改的。

（2）NVIC 控制器中断优先级分类

① 人为优先级：人为优先级又称为可编程优先级，通过设置 NVIC 控制的寄存器来实现对 NVIC 中的优先级设置。NVIC 人为优先级又分为以下两种。

a. 抢占优先级：抢占优先级是将不同等级之间的中断进行嵌套，低优先级可以由高优先级来打断（中断），中断等级的数字越小，优先级就会越高[49]。

b. 响应优先级：响应优先级的另一个名称叫做子优先级，它是指在不同的响应优先级的中断中不能使用嵌套（前提是当抢占优先级相同，响应优先级不同）。响应优先级的作用是：当多个中断源同时发生中断请求的时候，CPU 先执行响应优先级高的中断。中断等级的数字越小，优先级越高。

② 自然优先级：自然优先级又称为固定优先级，NVIC 控制器在出厂的时候给每个中断源分配了中断序列号。中断等级的数字越小，优先级越高。自然优先级的作用是：当抢占优先级和响应优先级相同，多个中断同时发生，CPU 优先级执行自然优先级高的中断。

6.2.2 STM32F10x 异常向量表

表 6.1 所示为 STM32F10x 异常向量表。

表 6.1　STM32F10x 异常向量表

位置	优先级	优先级类型	名称	说明	地址
0	—	—	—	保留	0x0000 0000
1	-3	固定	Reset	复位	0x0000 0004
2	-2	固定	NMI	不可屏蔽中断。RCC 时钟安全系统（CSS）连接到 NMI 向量	0x0000 0008
3	-1	固定	硬件失效（HardFault）	所有类型的失效	0x0000 000C
4	0	可设置	存储管理	存储器管理	0x0000 0010
5	1	可设置	总线错误（BusFault）	预取指失败，存储器访问失败	0x0000 0014
6	2	可设置	错误应用	未定义的指令或非法状态	0x0000 0018
7～10	—	—	—	保留	0x0000 001C
11	3	可设置	SVCall	通过 SWI 指令的系统服务调用	0x0000 002C
12	4	可设置	调试监控	调试监控器	0x0000 0030
13	—	—	—	保留	0x0000 0034
14	5	可设置	PendSV	可挂起的系统服务	0x0000 0038
15	6	可设置	SysTick	系统嘀答定时器	0x0000 003C
0	7	可设置	WWDG	窗口看门狗中断	0x0000 0040

续表

位置	优先级	优先级类型	名称	说明	地址
1	8	可设置	PVD	连接到 EXTI 线的可编程电压检测	0x0000 0044
2	9	可设置	TAMP_STAMP	连接到 EXTI 线的入侵和时间戳中断	0x0000 0048
3	10	可设置	RTC	实时时钟（RTC）全局中断	0x0000_004C
4	11	可设置	FLASH	闪存全局中断	0x0000_0050
5	12	可设置	RCC	复位和时钟控制（RCC）中断	0x0000_0054
6	13	可设置	EXTI0	EXTI 线 0 中断	0x0000_0058
7	14	可设置	EXTI1	EXTI 线 1 中断	0x0000_005C
8	15	可设置	EXTI2	EXTI 线 2 中断	0x0000_0060
9	16	可设置	EXTI3	EXTI 线 3 中断	0x0000_0064
10	17	可设置	EXTI4	EXTI 线 4 中断	0x0000_0068
11	18	可设置	DMA1 通道 1	DMA1 通道 1 全局中断	0x0000_006C
12	19	可设置	DMA1 通道 2	DMA1 通道 2 全局中断	0x0000_0070
13	20	可设置	DMA1 通道 3	DMA1 通道 3 全局中断	0x0000_0074
14	21	可设置	DMA1 通道 4	DMA1 通道 4 全局中断	0x0000_0078
15	22	可设置	DMA1 通道 5	DMA1 通道 5 全局中断	0x0000_007C
16	23	可设置	DMA1 通道 6	DMA1 通道 6 全局中断	0x0000_0080
17	24	可设置	DMA1 通道 7	DMA1 通道 7 全局中断	0x0000_0084
18	25	可设置	ADC1_2	ADC1 和 ADC2 全局中断	0x0000_0088
19	26	可设置	CAN1_TX	CAN1 发送中断	0x0000_008C
20	27	可设置	CAN1_RX0	CAN1 接收 0 中断	0x0000_0090
21	28	可设置	CAN1_RX1	CAN1 接收 1 中断	0x0000_0094
22	29	可设置	CAN_SCE	CAN1 SCE 中断	0x0000_0098
23	30	可设置	EXTI9_5	EXTI 线[9:5]中断	0x0000_009C
24	31	可设置	TIM1_BRK	TIM1 刹车中断	0x0000_00A0
25	32	可设置	TIM1_UP	TIM1 更新中断	0x0000_00A4
26	33	可设置	TIM1_TRG_COM	TIM1 触发和通信中断	0x0000_00A8
27	34	可设置	TIM1_CC	TIM1 捕获比较中断	0x0000_00AC
28	35	可设置	TIM2	TIM2 全局中断	0x0000_00B0
29	36	可设置	TIM3	TIM3 全局中断	0x0000_00B4
30	37	可设置	TIM4	TIM4 全局中断	0x0000_00B8
31	38	可设置	I2C1_EV	I2C1 事件中断	0x0000_00BC
32	39	可设置	I2C1_ER	I2C1 错误中断	0x0000_00C0
33	40	可设置	I2C2_EV	I2C2 事件中断	0x0000_00C4
34	41	可设置	I2C2_ER	I2C2 错误中断	0x0000_00C8

续表

位置	优先级	优先级类型	名称	说明	地址
35	42	可设置	SPI1	SPI1 全局中断	0x0000_00CC
36	43	可设置	SPI2	SPI2 全局中断	0x0000_00D0
37	44	可设置	USART1	USART1 全局中断	0x0000_00D4
38	45	可设置	USART2	USART2 全局中断	0x0000_00D8
39	46	可设置	USART3	USART3 全局中断	0x0000_00DC
40	47	可设置	EXTI15_10	EXTI 线[15:10]中断	0x0000_00E0
41	48	可设置	RTCAlarm	连到 EXTI 的 RTC 闹钟中断	0x0000_00E4
42	49	可设置	USB 唤醒	连到 EXTI 的从 USB 待机唤醒中断	0x0000_00E8
43	50	可设置	TIM8_BRK	TIM8 刹车中断	0x0000_00EC
44	51	可设置	TIM8_UP	TIM8 更新中断	0x0000_00F0
45	52	可设置	TIM8_TRG_COM	TIM8 触发和通信中断	0x0000_00F4
46	53	可设置	TIM8_CC	TIM8 捕获比较中断	0x0000_00F8
47	54	可设置	ADC3	ADC3 全局中断	0x0000_00FC
48	55	可设置	FSMC	FSMC 全局中断	0x0000_0100
49	56	可设置	SDIO	SDIO 全局中断	0x0000_0104
50	57	可设置	TIM5	TIM5 全局中断	0x0000_0108
51	58	可设置	SPI3	SPI3 全局中断	0x0000_010C
52	59	可设置	UART4	UART4 全局中断	0x0000_0110
53	60	可设置	UART5	UART5 全局中断	0x0000_0114
54	61	可设置	TIM6	TIM6 全局中断	0x0000_0118
55	62	可设置	TIM7	TIM7 全局中断	0x0000_011C
56	63	可设置	DMA2 通道 1	DMA2 通道 1 全局中断	0x0000_0120
57	64	可设置	DMA2 通道 2	DMA2 通道 2 全局中断	0x0000_0124
58	65	可设置	DMA2 通道 3	DMA2 通道 3 全局中断	0x0000_0128
59	66	可设置	DMA2 通道 4_5	DMA2 通道 4 和 DMA2 通道 5 全局中断	0x0000_012C

STM32F10x 异常向量表的前 16 个异常向量由 Cortex-M 内核占用，后面的由厂家定义外设中断。Cortex-M 内核的中断以及 STM32F10x 的中断都可以在标准库文件 stm32f10x.h 这个头文件中查询到，在 IRQn_Type 这个结构体里面包含了 STM32F10x 系列全部的异常声明。

异常向量表中的位置表示 STM32F10x 芯片中断源的编号值，中断源编号值在“stm32f10x.h”头文件中的第 175 行～344 行中已经定义。异常向量表中的优先级表示的是中断自然优先级等级编号。表格中的地址就是中断服务函数的入口地址，当发生中断时，CPU 会强制 PC 指向对应中断源和入口地址取指令，所以一般在这个入口地址写一个中断服务程序地址。异常向量表中的中断入口地址在“startup_stm32f10x_hd.s”启动文件中的第 62 行～140 行中已经定义，这些定义好的中断入口地址编号代表的是对应中断源的中断服务函数入口地址。

6.2.3 STM32F10x 中断优先级设置

STM32F10x 芯片使用 4 个位来存放中断的优先级，这 4 个位分别存放响应优先级和抢占优先级的等级数。使用 3 个位的二进制来表示中断优先级的分配，如表 6.2 所示。

表 6.2 中断优先级的分配表

优先级分组	中断优先级分组说明	抢占优先级等级范围	响应优先级等级范围	优先级编码
第 0 组	所有 4 个位用于指定响应优先级	0	0～15	0x07
第 1 组	最高 1 位用于指定抢占优先级，最低 3 位用于指定响应优先级	0～1	0～7	0x06
第 2 组	最高 2 位用于指定抢占优先级，最低 2 位用于指定响应优先级	0～3	0～3	0x05
第 3 组	最高 3 位用于指定抢占优先级，最低 1 位用于指定响应优先级	0～7	0～1	0x04
第 4 组	指定抢占先级使用 4 个位	0～15	0	0x03

6.3 STM32F10x 中断系统相关库函数

注意：本小节仅列出教学中所使用到的 NVIC 中断相关的库函数，更多的库函数介绍请参考 STM32 固件库使用手册的中文翻译版.pdf 文档。

函数分布文件：

① misc.c。

② misc.h。

6.3.1 NVIC_Init 函数

① 函数原型：void NVIC_Init(NVIC_InitTypeDef* NVIC_InitStruct)。

② 函数功能：根据“NVIC_InitStruct”中指定的参数初始化 NVIC 控制

器[50]。

③ 返回值：无。

④ 函数参数：

NVIC_InitStruct：NVIC控制器具体的参数配置信息，参数类型如表6.3所示。

表6.3 NVIC控制器具体的参数配置类型

NVIC控制器参数	具体描述
NVIC_IRQChannel	中断源编号值
u8 NVIC_IRQChannelPreemptionPriority	具体抢占优先级的等级数，如表6.5所示
u8 NVIC_IRQChannelSubPriority	具体响应优先级的等级数，如表6.5所示
FunctionalState NVIC_IRQChannelCmd	中断源NVIC中断状态参数，如表6.4所示

表6.4 时钟具体参数值

NVIC中断状态参数	具体描述
ENABLE	使能时钟
DISABLE	关闭时钟

注意：在设置具体优先级时，注意不能超出优先级分组中要求的等级范围。

6.3.2 NVIC_PriorityGroupConfig函数

① 函数原型：void NVIC_PriorityGroupConfig(u32 NVIC_PriorityGroup)[51]。

② 函数功能：设置NVIC控制器优先级分组。

③ 返回值：无。

④ 函数参数：

NVIC_PriorityGroup：优先级分组位长度，如表6.5所示。

表6.5 优先级分组

NVIC_PriorityGroup参数	NVIC_IRQChannel的抢占优先级	NVIC_IRQChannel响应优先级	具体描述
NVIC_PriorityGroup_0	0	0～15	抢占优先级0位，响应优先级4位
NVIC_PriorityGroup_1	0～1	0～7	抢占优先级1位，响应优先级3位
NVIC_PriorityGroup_2	0～3	0～3	抢占优先级2位，响应优先级2位
NVIC_PriorityGroup_3	0～7	0～1	抢占优先级3位，响应优先级1位
NVIC_PriorityGroup_4	0～15	0	抢占优先级4位，响应优先级0位

注意：在一个工程内只允许有一种中断优先级分组情况，确定看中断优先级分组，就是确定看中断优先级的等级个数。

6.4 中断软件示例

6.4.1 中断服务函数编写原则

① 在启动代码中找到对应的中断入口地址，使用中断入口地址的名称来确定中断服务函数的名称。

② 对具体中断源的中断标志位清零（除硬件自动清零以外）前，如果对应一个中断源有多种中断条件或一个中断入口对应多个中断源的，需要先判断是哪一个条件或哪一个中断源产生的中断。

③ 写一个无返回值、无形参，函数名为第①步得到名称的中断服务函数。

配置示例：定时器 2 中断服务函数

```
void TIM2_IRQHandler (void)
{
    /* 发送了定时器 2 中断时，你需要做些什么，写在这里 */
}
```

6.4.2 NVIC 中断软件设计

（1）USART_1 中断初始化程序

```
// Description: USART_1 模块中断初始化
// Author: ZZH
// Version: V1.0
// Intput:
Boand: 串口使用的波特率
// Date: 2018-12-12
// Explain: RX ---> PA9、TX ---> PA10
************************************************************/
void USART_1_Init(u32 bound)
{
    GPIO_InitTypeDef GPIO_InitStruct; /* 定义 GPIO 模块结构体类型变量 */
    USART_InitTypeDef USART_InitStruct; /* 定义 USART 模块结构体类型
变量 */
    NVIC_InitTypeDef NVIC_InitStructure; /* 定义 NVIC 中断结构体类型
变量 */
```

```
        /* 设置 USART 模块功能管脚 */
    RCC_APB2PeriphClockCmd(RCC_APB2Periph_GPIOA,ENABLE)[52];
/* 使能 GPIO 端口模块时钟 */
        /* USART1_RX (PA10) 浮空输入 */
    GPIO_InitStruct.GPIO_Pin = GPIO_Pin_10;
    GPIO_InitStruct.GPIO_Mode = GPIO_Mode_IN_FLOATING;
    GPIO_Init(GPIOA,&GPIO_InitStruct)[43];
        /* USART1_TX (PA9) 复用推挽输出 */
    GPIO_InitStruct.GPIO_Pin = GPIO_Pin_9;
    GPIO_InitStruct.GPIO_Mode = GPIO_Mode_AF_PP;
    GPIO_InitStruct.GPIO_Speed = GPIO_Speed_50MHz;
    GPIO_Init(GPIOA,&GPIO_InitStruct)[43];
    /* 设置 USART 模块工作模式 */
    RCC_APB2PeriphClockCmd(RCC_APB2Periph_USART1,ENABLE); /*使能
USART_1 模块时钟 */
    USART_InitStruct.USART_Mode = USART_Mode_Rx |
USART_Mode_Tx[55]; /* 使能 USART_1 模块发送和接收*/
    USART_InitStruct.USART_BaudRate = bound; /* 设置 USART_1 模块波
特率 */
    USART_InitStruct.USART_WordLength = USART_WordLength_8b;
/* USART_1 模块 8 位数据长度 */
    USART_InitStruct.USART_Parity = USART_Parity_No; /* USART_1
模块禁止奇偶校验 */
    USART_InitStruct.USART_StopBits = USART_StopBits_1[56];
/* USART_1 模块 1 位停止位 */
    USART_InitStruct.USART_HardwareFlowControl = USART_Hardware
FlowControl_None[57];/ * 禁止硬件流 */
    USART_Init(USART1,&USART_InitStruct); /* 使用 USART_InitStruct
参数初始化 USART_1 模块 */
        /* USART 模块 NVIC 配置 */
        /* NVIC 中断优先级分组为第一组 */
        NVIC_PriorityGroupConfig(NVIC_PriorityGroup_1);
        NVIC_InitStructure.NVIC_IRQChannel = USART1_IRQn;
        NVIC_InitStructure.NVIC_IRQChannelPreemptionPriority = 1;
/* 抢占优先级等级为 1 */
        NVIC_InitStructure.NVIC_IRQChannelSubPriority = 3;
/* 响应优先级等级为 3 */
        NVIC_InitStructure.NVIC_IRQChannelCmd = ENABLE; /* 使能中
断源 NVIC 中断 */
        NVIC_Init(&NVIC_InitStructure); /* 使用 NVIC_InitStructure
参数初始化 NVIC 控制器 */
        /* 开启 USART 模块中断 */
    USART_ITConfig(USART1, USART_IT_RXNE, ENABLE);
    /* 使能 USART 模块 */
    USART_Cmd(USART1, ENABLE);
  }
```

（2）USART_1 中断服务函数实现电脑控制开发板的 LED 灯

```
// Description: USART_1 中断服务函数
// Author: ZZH
// Version: V1.0
// Intput: 无
// Date: 2018-12-17
void USART1_IRQHandler(void)
{
    u8 ch;
    if(USART_GetITStatus(USART1,USART_IT_RXNE) != RESET) //判断串口1 发生的中断是否为接收中断
    {
        USART_ClearITPendingBit(USART1,USART_IT_RXNE); //清中断标志位
        ch = USART_ReceiveData(USART1);                //接收数据
        if(ch == '1')
        {
            //如果电脑发送的为字符'1'
            LED1_ON;
        }
        else if(ch == '0')
        {
            //如果电脑发送的为字符'0'
            LED1_OFF;
        }

    }
}
```

思考

如何使用串口接收中断实现电脑终端控制板的蜂鸣器。

课后资料

查看 

下载 

第7章 SysTick定时器

7.1 SysTick 定时器介绍

7.1.1 SysTick 定时器概述

SysTick 定时器也称为系统滴答定时器，是 Core-M 系列处理器内核集成的一个简单的定时器。异常号为 15。SysTick 定时器有两个时钟源，分别是内部时钟（FCLK 自由运行时钟，时钟频率为 72MHz）和外部时钟（STCLK Cortex 系统定时器时钟，时钟频率为 9MHz）。在裸机的情况下，系统滴答定时器可以作为一个简单的定时器，来产生一个精准的延时。当加载 UCOS 操作系统（或其他实时系统）时，系统滴答定时器可以作为操作系统的时基来运行。

7.1.2 STM32F10x 系列 SysTick 定时器概述

（1）SysTick 定时器特征

SysTick 定时器是一个 24 位的倒计数定时器，它的运行过程是先从预装值一直计数到零，之后从重装载寄存器中自动重装载定时初值。如果它的使能位不清除，那么它就永远不停，即使在睡眠模式下、芯片也能工作。

（2）SysTick 定时器内部框图

SysTick 定时器内部框图如图 7.1 所示。

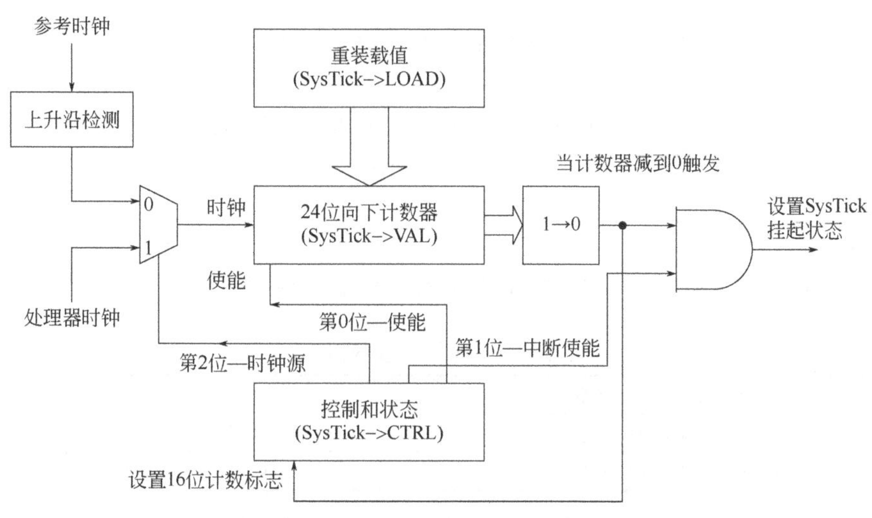

图 7.1 SysTick 定时器内部框图

7.1.3 SysTick 定时器初始值计算

众所周知，需要定时的时长由系统时钟频率和载入的初始值共同决定。假设外部时钟频率为 24MHz，那么计数周期为 1/(24MHz)=1/24μs，则计 24 次就是 1μs 的定时。由此可得出微秒级的初始值计算公式［如 SysTick 定时器初始值计算式（7.1）所示］：

$$LAOD=Clk\times 定时的时长 \tag{7.1}$$

① LAOD 为 SysTick 重装载数值寄存器的重装载值。

② Clk 为计数的时钟脉冲值，单位是 MHz。

③ 定时的时长为需要定时的具体时间值，单位是μs。

7.2 SysTick 定时器相关库函数

注意：本小节仅列出教学中所使用到 SysTick 定时器相关的库函数，更多的库函数介绍请参考 Cortex-M3 权威指南.pdf 文档。

函数分布文件：

① misc.c。

② misc t.h。

③ core_cm3.h。

7.2.1 SysTick_CLKSourceConfig 函数

① 函数原型：void SysTick_CLKSourceConfig(uint32_t SysTick_CLKSource)[58]。

② 函数功能：设置 SysTick 定时器计数时钟源。

③ 返回值：无。

④ 函数参数：

SysTick_CLKSource：SysTick 定时器具体的时钟源，如表 7.1 所示。

表 7.1　时钟源参数值

SysTick_CLKSource 参数	具体描述
SysTick_CLKSource_HCLK_Div8	SysTick 时钟源为 AHB 时钟除以 8
SysTick_CLKSource_HCLK	SysTick 时钟源为 AHB 时钟

⑤ 配置示例：

```
/* 设置 SysTick 定时器时钟源 */
SysTick_CLKSourceConfig(SysTick_CLKSource_HCLK);
```

7.2.2 SysTick_Config 函数

① 函数原型：uint32_t SysTick_Config(uint32_t ticks)。

② 函数功能：设置 SysTick 定时器初始化参数。

③ 返回值：如初始化成功，返回 0。初始化失败，则返回 1。

④ 函数参数：

ticks：SysTick 定时器重装载值，即定时器溢出的时间值。

⑤ 配置示例：

```
/* 设置 SysTick 定时器 1ms 进入一次中断 */
SysTick_Config(72000);
```

注意：SysTick_Config 函数中默认 SysTick 定时器使用内部时钟源（HCLK，72MHz），开启 SysTick 的中断并设置优先级。

7.2.3 SysTick 定时器软件设计

（1）SysTick 定时器实现精确延时

```
/*****************************************************
函数名：SysTickConfig
```

```
形参：无
返回值：无
函数功能：滴答时钟初始化
***************************************************/
void SysTickConfig(void)
{
    //配置为72MHz时钟
    //t= 1/72M = 1/72us;
    //SysTick_CLKSourceConfig(SysTick_CLKSource_HCLK);
    if(SysTick_Config(SystemCoreClock/1000000) == 1)//赋初始值72
    {
        while(1);
    }
    //关闭滴答时钟
    SysTick->CTRL &= ~SysTick_CTRL_ENABLE_Msk[3];
    //SysTick->CTRL &= ~0x01;// 0xfe  1111 1110
    //SysTick->CTRL |= 0x01;
    //给某些位写0，用按位与（&）
    //给某些位写1，用按位或（|）
}
/***************************************************
函数名：Delay_us
形参：time代表要延时的时间（单位μs）
返回值：无
函数功能：精确μs延时函数
***************************************************/
u32 TimeDelay = 0;
void Delay_us(u32 time)
{
    TimeDelay = time;
    SysTick->CTRL |= SysTick_CTRL_ENABLE_Msk;

    while(TimeDelay !=0);
    SysTick->CTRL &= ~SysTick_CTRL_ENABLE_Msk;
}
/***************************************************
函数名：Delay_ms
形参：time代表要延时的时间（单位ms）
返回值：无
函数功能：精确ms延时函数
***************************************************/
void Delay_ms(u32 time)
{
    TimeDelay = time*1000;
    SysTick->CTRL |= SysTick_CTRL_ENABLE_Msk;
```

```
    while(TimeDelay !=0);
    SysTick->CTRL &= ~SysTick_CTRL_ENABLE_Msk;
}
/****************************************************
函数名: SysTick_Handler
形参: 无
返回值: 无
函数功能: 滴答时钟中断服务函数
****************************************************/
void SysTick_Handler(void)
{
    if(TimeDelay > 0)
        TimeDelay--;
}
```

（2）主函数实现流水灯

```
//主函数
#include "stm32f10x.h"
#include "led.h"
#include "sys_tick.h"
int main()
{
    SysTickConfig();//SysTick定时器初始化  也可以调用
    led_Init();
    while(1)
    {
        LED1_ON;
        Delay_ms(500);
        LED2_ON;
        Delay_ms(500);
        LED3_ON;
        Delay_ms(500);
        LED4_ON;
        Delay_ms(500);
        LED1_OFF;
        Delay_ms(500);
        LED2_OFF;
        Delay_ms(500);
        LED3_OFF;
        Delay_ms(500);
        LED4_OFF;
        Delay_ms(500);
    }
}
```

课后资料

查看

下载

第8章 LCD液晶显示屏

8.1 LCD 液晶显示屏介绍

8.1.1 单片机常见显示设备

目前市面上，常见的单片机显示设备有 LED 灯、显示数码管、点阵 LED 显示屏、LCD 液晶显示屏、OLED 液晶显示屏。

（1）LED 灯

LED 灯是最简单的显示色板，它只有两种显示状态，表示信息量比较少，一般用于指示状态的显示效果。

（2）显示数码管

显示数模管是由多个 LED 灯排列而成，能够显示 0～9 数字信息，一般用于时间显示和数字显示。

（3）点阵 LED 显示屏

点阵 LED 显示屏是由多个 LED 像素点均衡排列组成，除可以显示汉字、字符等信息以外，还可以实现动态显示效果。

（4）LCD 液晶显示屏

LCD 液晶显示屏分为彩屏和黑白屏，可以显示汉字、字符、数字以及图形等信息。

8.1.2 LCD 液晶显示屏显示系统

一个完整的 LCD 液晶显示屏显示系统包括主控系统、LCD 显示控制器以及 LCD 液晶显示屏 3 部分，如图 8.1 所示。LCD 显示控制器的作用是把主控芯片发出的要在 LCD 显示屏上显示的信息转换成 LCD 显示屏能够显示的像素信息。

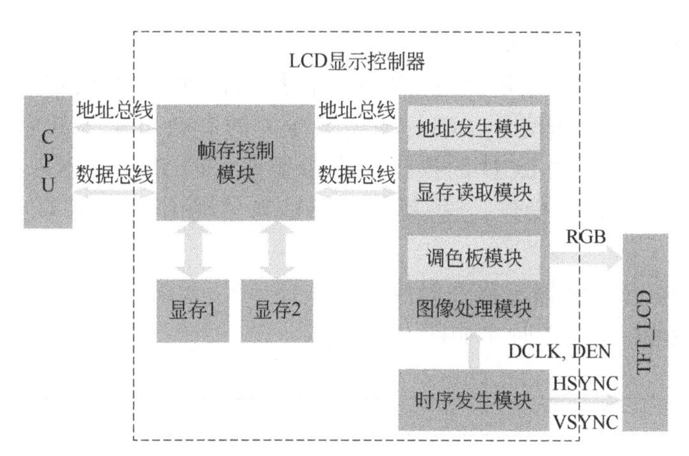

图 8.1　LCD 液晶显示屏显示系统

8.1.3 彩色 LCD 液晶显示屏参数

① 帧：显示屏显示一幅完整的画面即为一帧。

② 像素：数字图像的最小组成单元。

③ 分辨率：分辨率分为垂直分辨率和水平分辨率，是指屏幕上能够显示的像素点的个数。

④ 颜色位深：表示 RGB 颜色的二进制位数。

8.1.4 ZZH Cortex-M 开发板 LCD 模块介绍

① LCD 屏幕的尺寸：3.5in。

② LCD 屏幕分辨率：320×480。

③ LCD 屏幕颜色位深：16BPP。

④ LCD 屏幕驱动接口：INTEL8080 并口，16 位数据位宽。

8.2 液晶显示控制器（ILI9486）

8.2.1 ILI9486控制器协议介绍

（1）ILI9486控制器通信协议

ILI9486控制器支持4种与MCU通信接口，通过IM[2:0]位来对通信模式进行选择。CS片选信号（芯片使能信号）的有效电平为低电平，当D/C（RS）为低电平时，对LCD的操作为命令操作；当D/C（RS）为高电平时，对LCD的操作为数据操作。读/写使能都是当出现由低变高（上升沿）时执行操作。

（2）ILI9486控制器写操作时序

INTEL-8080写操作时序如图8.2所示。

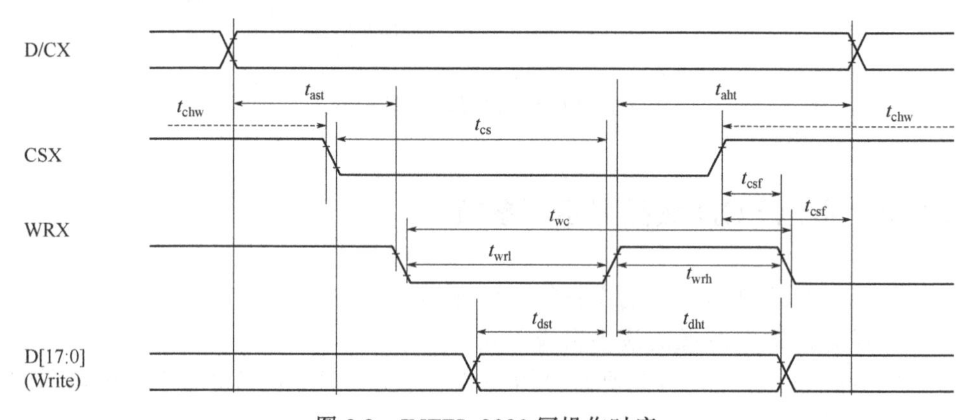

图8.2　INTEL-8080写操作时序

① 根据实际操作需要，拉高或拉低数据/命令（D/CX）选择管脚（数据/命令选择管脚低电平表示选择要操作指令，拉高表示要操作数据或指令参数）。

② 拉低片选信号线（CSX），表示要操作显示控制器芯片。

③ 拉低写使能管脚（WRX），准备写操作。

④ 数据总线（D）输出需要传输的数据。

⑤ 拉高写使能管脚，上升执行写操作。

⑥ 拉高片选信号线，结束操作显示控制器芯片。

8.2.2 ILI9486 控制器颜色设置

（1）ILI9486 控制器颜色设置命令（0x3A）

ILI9486 控制器支持 2 种颜色位深，分别是 18 位颜色位深（默认值）和 16 位颜色位深，同时还支持 RGB 接口格式和 MCU 接口格式，可以通过颜色位深控制命令（0x3A）改变 DBI[2:0]来实现，如图 8.3 所示。

3Ah	COLMOD(Interface Pixel Format)												
	D/CX	RDX	WRX	D[15:8]	D7	D6	D5	D4	D3	D2	D1	D0	HEX
Command	0	1	↑	XXXXXXXX	0	0	1	1	1	0	1	0	3Ah
Parameter	1	1	↑	XXXXXXXX	DPI[3:0]				X	DBI[2:0]			XX
Description	This command sets the pixel format for the RGB image data used by the interface. DPI[3:0] is the pixel format select of RGB interface and DBI[2:0] is the pixel format of CPU interface. If a particular interface, either RGB interface or CPU interface, is not used then the corresponding bits in the parameter are ignored. The pixel format are shown in the table below.												

DPI[3:0]				RGB Interface Format
0	0	0	0	Reserved
0	0	0	1	Reserved
0	0	1	0	Reserved
0	0	1	1	Reserved
0	1	0	0	Reserved
0	1	0	1	16 bits/pixel
0	1	1	0	18 bits/pixel
0	1	1	1	Reserved

DBI[2:0]			CPU Interface Format
0	0	0	Reserved
0	0	1	Reserved
0	1	0	Reserved
0	1	1	Reserved
1	0	0	Reserved
1	0	1	16 bits/pixel
1	1	0	18 bits/pixel
1	1	1	Reserved

X = don't care

图 8.3 颜色位深设置命令

① 指令作用：选择 LCD 显示控制器支持的颜色位深。

② 指令格式：当发送指令之后，紧接着发送需要设置的颜色位深参数。16 位颜色位深为 0x55，18 位颜色位深为 0x66。

（2）ILI9486 控制器颜色位深和数据的关系

ILI9486 控制器在 16 位颜色位深模式下，采用 RGB565 格式去存储颜色数据，最低 5 位表示蓝色，中间 6 位表示绿色，最高 5 位表示红色，如图 8.4 所示。表示颜色的数值越大，颜色越深。

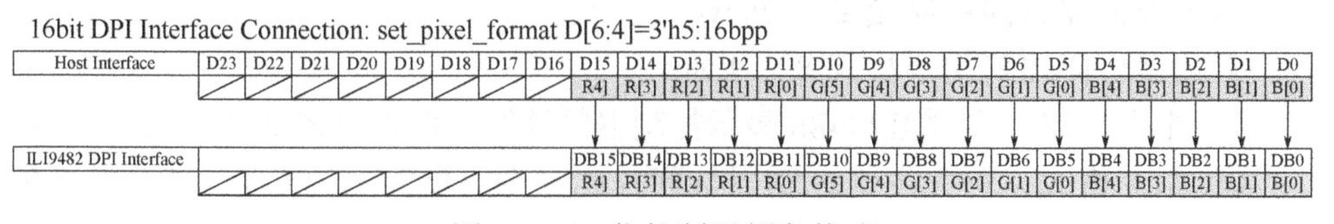

图 8.4 16 位控制器颜色格式

（3）ILI9486 控制器颜色码获取

① 在电脑画图软件中选择需要的色彩。

② 取出画图软件色彩的红、绿、蓝数值。

③ 把色彩的十进制数转换成二进制数。

④ 根据使用的颜色位深取二进制数值（从高位开始选取）。

⑤ 把取出的二进制数组合成 16 进制数值。

（4）ILI9486 控制器颜色值设置指令（0x2C）

颜色值设置指令如表 8.1 所示。

表 8.1 颜色值设置指令

2Ch	REMWR(Memory Write)												
	D/CX	RDX	WRX	D17-8	D7	D6	D5	D4	D3	D2	D1	D0	HEX
Command	0	1	↑	XX	0	0	1	0	1	1	0	0	2Ch
1stParamenter	1	1	↑	D1[17:0]									XX
	1	1	↑	Dx[17:0]									XX
NthParameter	1	1	↑	Dn[17:0]									XX

① 指令作用：设置 LCD 液晶显示屏显示的颜色值。

② 指令格式：在发送命令之后，紧接着发送颜色的色泽码值，颜色色泽的数值是 16 位发送。

8.2.3 ILI9486 控制器初始化

对于外置的液晶屏控制器的初始化，厂家一般都会提供控制器的初始化代码，这部分代码不需要用户编程实现，用户仅需要实现相应的接口通信函数即可。

① LCD_ILI9486_CMD()：显示控制器写命令函数。

② LCD_ILI9486_Parameter()：显示控制器写数据函数。

8.2.4 ILI9486 控制器控制命令

（1）存储器访问控制指令（0x36）

存储器访问控制指令如表 8.2 所示。

① 指令作用：设置 ILI9486 显示控制器的读写方向以及控制器的颜色顺序。

② 指令格式：首先发送控制器访问控制指令（0x36），然后紧接着发送需要设置的参数。

表 8.2　存储器访问控制指令

36h	MADCTL(Memory Access Control)												
	D/CX	RDX	WRX	D[15:8]	D7	D6	D5	D4	D3	D2	D1	D0	HEX
Command	0	1	↑	XXXXXXXX	0	0	1	1	0	1	1	0	36h
Parameter	1	1	↑	XXXXXXXX	MY	MX	MV	ML	BGR	MH	X	X	XX

③ 指令参数：

a．MY、MX、MV 分别设置了 MCE 到显示控制器的读写方向，如表 8.3 所示。

表 8.3　液晶屏 SGRAM 扫描方向

控制位			效果 LCD 扫描方向（GRAM 自增方式）
MY	MX	MV	
0	0	0	从左到右，从上到下
1	0	0	从左到右，从下到上
0	1	0	从右到左，从上到下
1	1	0	从右到左，从下到上
0	0	1	从上到下，从左到右
0	1	1	从上到下，从右到左
1	0	1	从下到上，从左到右
1	1	1	从下到上，从右到左

b．ML：设置 LCD 液晶显示屏垂直刷新的方向。

c．BGR：设置 LCD 颜色顺序开关。

d．MH：设置 LCD 液晶显示屏水平刷新的方向。

（2）列地址设置指令（0x2A）

列地址设置指令如表 8.4 所示。

表 8.4　列地址设置指令

2Ah	CASET(Column Address Set)												
	D/CX	RDX	WRX	D17-8	D7	D6	D5	D4	D3	D2	D1	D0	HEX
Command	0	1	↑	XX	0	0	1	0	1	0	1	0	2Ah
1stParameter	1	1	↑	XX	SC15	SC14	SC13	SC12	SC11	SC10	SC9	SC8	Note1
2ndParameter	1	1	↑	XX	SC7	SC6	SC5	SC4	SC3	SC2	SC1	SC0	
3rdParameter	1	1	↑	XX	EC15	EC14	EC13	EC12	EC11	EC10	EC9	EC8	Note1
4thParameter	1	1	↑	XX	EC7	EC6	EC5	EC4	EC3	EC2	EC1	EC0	

① 指令作用：设置 LCD 液晶显示屏 *X* 轴坐标的操作范围。

② 指令格式：首先发送列地址设置指令（0x2A），接着发送需要设置的地址参数。每个地址分两次发送：第一次发送地址的高 8 位；第二次发送地址的低 8 位。

③ 指令参数：

a. SC：X 轴方向范围的起始地址。

b. EC：X 轴方向范围的结束地址。

（3）页地址指针指令（0x2B）

页地址设置指令如表 8.5 所示。

表 8.5 页地址设置指令

2Bh	PASET(Page Address Set)												
	D/CX	RDX	WRX	D17-8	D7	D6	D5	D4	D3	D2	D1	D0	HEX
Command	0	1	↑	XX	0	0	1	0	1	0	1	1	2Bh
1stParameter	1	1	↑	XX	Sp15	Sp14	Sp13	Sp12	Sp11	Sp10	Sp9	Sp8	Note1
2ndParameter	1	1	↑	XX	SP7	SP6	SP5	SP4	SP3	SP2	SP1	SP0	
3ndParameter	1	1	↑	XX	EP15	EP14	EP13	EP12	EP11	EP10	EP9	EP8	Note1
4thParameter	1	1	↑	XX	EP7	EP6	EP5	EP4	EP3	EP2	EP1	EP0	

① 指令作用：设置 LCD 液晶显示屏 Y 轴坐标的操作范围。

② 指令格式：首先发送列地址设置指令（0x2B），接着发送需要设置的地址参数。每个地址分两次发送：第一次发送地址的高 8 位；第二次发送地址的低 8 位。

③ 指令参数：

a. SP：Y 轴方向范围的起始地址。

b. EP：Y 轴方向范围的结束地址。

8.3 LCD 液晶显示屏字模软件应用

用于描述一个汉字、字符等字符编码的二级制数值信息代码串，称为字模数据。字模数据实质上是由一个个像素点数据构成，字模中的每一位二进制数对应一个像素点。有颜色（需要显示内容）的像素点使用数据“1”来表示，空白处即没有颜色（不需要显示）的像素点使用数据“0”来表示。字模数据的大小=需要显示内容的 X 轴方向大小×Y 轴方向大小÷8，单位是“字节”，如图 8.5 所示。

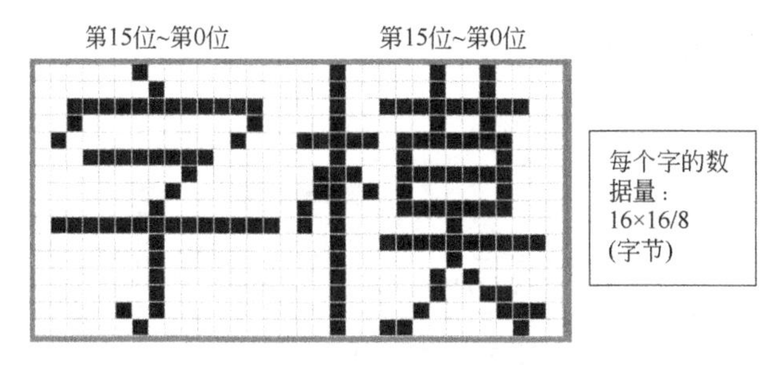

图 8.5　字模数据组成

彩色 LCD 液晶显示屏常用的字模软件（又称取模软件）有 PCtoLCD2002 和 Image2Lcd。PCtoLCD2002 取模软件主要是针对汉字、字母、数字、符号等内容进行取模；Image2Lcd 取模软件主要是针对彩色图片进行取模。

（1）PCtoLCD2002 取模软件应用

汉字/字符取模步骤：

a．设置取模软件的取模方式以及取模选项，如图 8.6 所示。

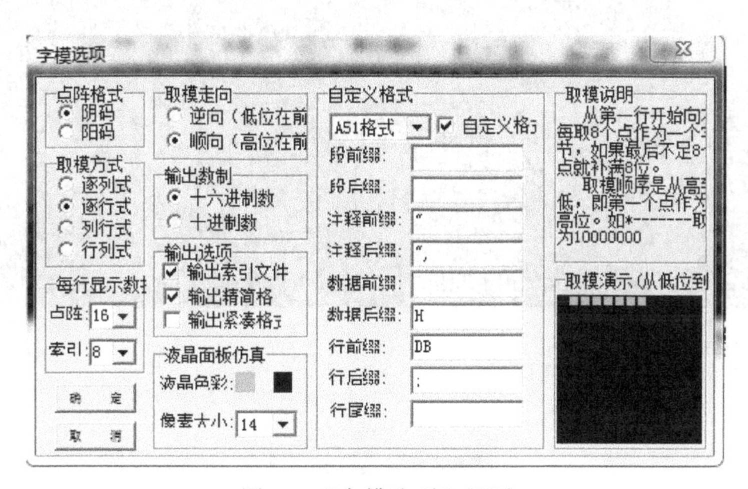

图 8.6 “字模选项”界面

点阵格式：取模的时候，字体的点用“1”还是用“0”代替。

取模走向：决定取模的时候，靠左/靠上的点是高位还是低位，“逆向”是低位，“顺向”是高位。

取模方式：取模方式和取模走向一起决定取模的数据顺序。

自定义格式：一般选择“C51 格式”，“注释前缀、注释后缀、数据前缀、数据后缀、行前缀、行后缀、行尾缀”为子模数据格式，其中一般删除“行前缀”与“行后缀”中的大括号。

b．设置需要显示的汉字大小（字宽和字高），ASCII 英文字体的大小为设置大小的一半，如图 8.7 所示。

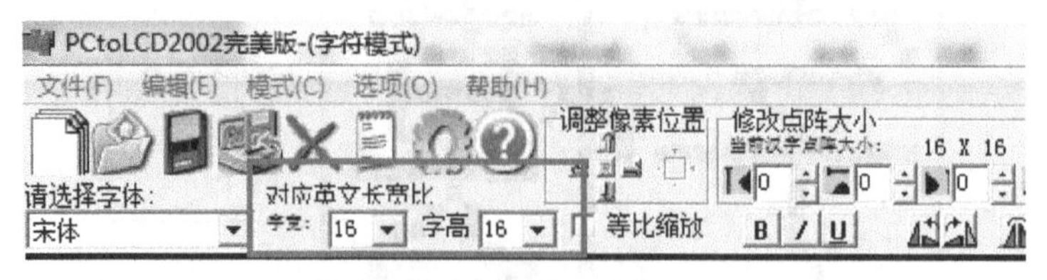

图 8.7　字体大小设置

c．输入待取模的中文并生成字模，如图 8.8 所示。

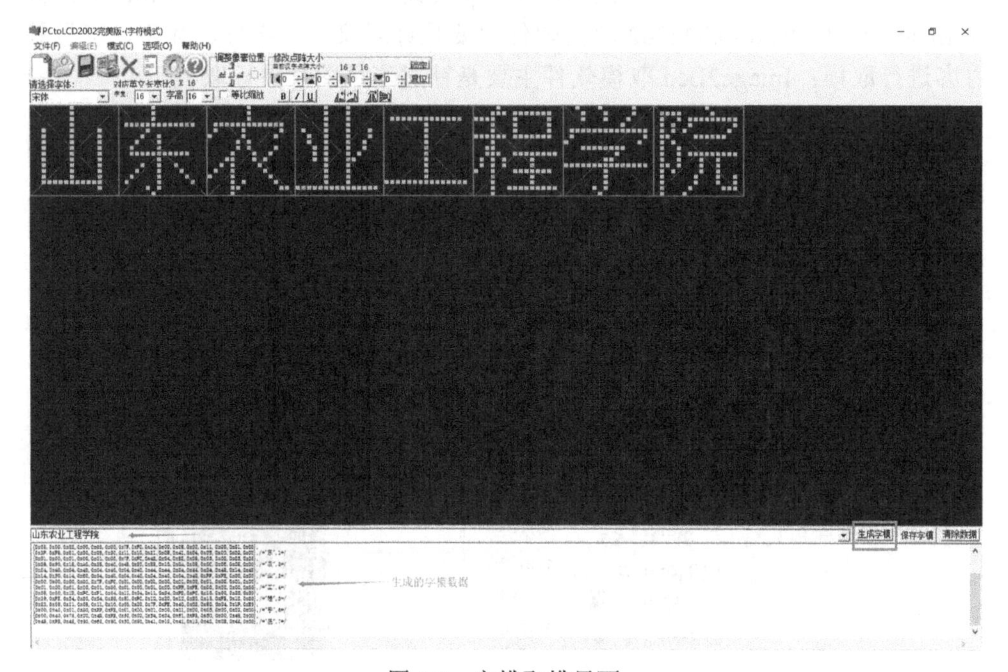

图 8.8　字模取模界面

（2）Img2Lcd 取模软件应用

① 图片在取模之前，必须保证图片的大小不能超出液晶屏的尺寸大小，并且图片格式是 BMP。如果不符合要求，按下列步骤更改。

a．用画图软件打开需要更改的图片。

b．在画图软件中使用“重新调整命令”更改图片大小。

c．将图片另存为.bmp 的格式。

② 利用取模软件中的“打开”命令导入需要取模的图片。

③ 按实际取模情况设置好图片取模的参数。

a．输出数据类型：C 语言数组(*.c)。

b．扫描方式：按照液晶屏扫描方向顺序选择。
c．输出灰度：按照液晶屏颜色位深参数选择。
d．最大宽度和高度：按照需要取模的图片的宽度和高度选择。
e．勾选“高位在前（MSB First）”，其他选项不勾选。
④ 单击“保存”命令，保存图片的字模数据数组。
图片取模设置如图 8.9 所示。

图 8.9　图片取模设置

8.4 LCD 液晶显示屏程序设计

在 LCD 液晶显示屏上显示文字和图片：

```
#include "stm32f10x.h"
#include "delay.h"
#include "led.h"
#include "beep.h"
#include "key.h"
#include "stdio.h"
#include "string.h"
#include "usart.h"
#include "ili9486.h"
#include "lcd_gui.h"
```

```
#include "pic.h"
int main(void)
{
    NVIC_SetPriorityGrouping(5);//优先级分组，第5组，占先和次级各自占2位
    Delay_Init();              //配置延时函数
    led_Init();                //LED端口初始化
    Beep_Init();               //蜂鸣器端口初始化
    Key_Init();                //按键端口初始化
    USART_1_Init(115200);      //串口初始化
    LCD_Init();//LCD显示屏初始化
    LCD_Clear(0,319,0,479,RGB(0,0,255));  //把LCD清成蓝屏
    Show_Picture(0,0,320,480,gImage_xuejing);//显示图片
    LCD_DrawLine(0,0,319,479,RGB(255,0,0));//画线
    LCD_Dis_String(0,50,"hello山东农业工程学院",RGB(255,0,0),
RGB(0,255,0),2);
    while(1)//死循环
    {
    }
}
```

课后资料

查看

下载

第9章 触摸屏驱动

9.1 触摸屏的工作原理和类型

触摸屏和LCD液晶显示屏是两种设备，触摸屏由触摸屏控制器和触摸检测部件两部分组成。触摸屏控制器对来自触摸点检测部件上的触摸信息进行接收，并将其转换成触点坐标后传递给CPU，同时接收并执行CPU发出的命令；显示器屏幕的前面安装有触摸检测部件，它具有检测用户触摸位置的作用，并将接收的信息发送给触摸屏控制器[60]，如图9.1所示。

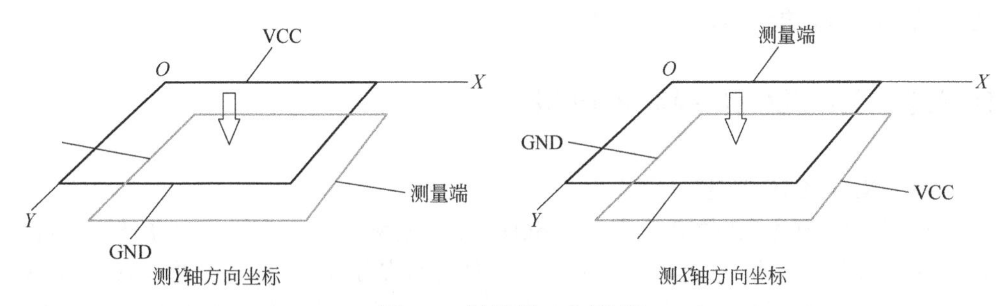

图9.1 触摸屏工作原理

触摸屏有以下类型。

（1）电阻触摸屏

① 用途：工控类（大型设备控制台）、公共设施类（取票机、取款机）等。

② 工作原理：利用 AD 转换技术，把触摸得到的电压值转换成对应的数字量。

③ 触摸方式：压力触摸。

④ 优缺点：

a．优点：抗环境干扰性能比较好。

b．缺点：界面可操作性不是太好。

（2）电容触摸屏

① 用途：手持消费类、电子消费类等。

② 工作原理：利用 AD 转换技术，把触摸得到的电流值转换成对应的数字量。

③ 触摸方式：导电介质触摸。

④ 优缺点：优点是界面可操作性很好。缺点是屏幕反光严重，并且环境电场会受环境温度、湿度改变的影响，引起电容屏的漂移，造成触摸点检测触摸位置不准确。

9.2 触摸屏控制芯片 XPT2046

9.2.1 触摸屏硬件连接

根据不同的压点得到不同的电压值，然后通过内部的 AD 转换后，通过 SPI 通信协议把转换后的数字量信息发给 MCU，最后 MCU 根据相应的值计算出按压点的 X、Y 轴的坐标，如图 9.2 所示。

9.2.2 XPT2046 控制器应用

（1）XPT2046 概述

XPT2046 内含 12 位分辨率、125kHz 转换速率的逐步逼近型 A/D 转换器，是一款 4 导线触摸屏控制芯片，它和 MCU 之间依靠 4 线的 SPI 通信接口（不包括 GND）进行通信。支持模式 0 和模式 3 的通信方式，数据传输顺序为先发高位，再发低位，如图 9.3 所示。

（2）XPT2046 管脚描述

XPT2046 芯片管脚及管脚说明如图 9.4 和表 9.1 所示。

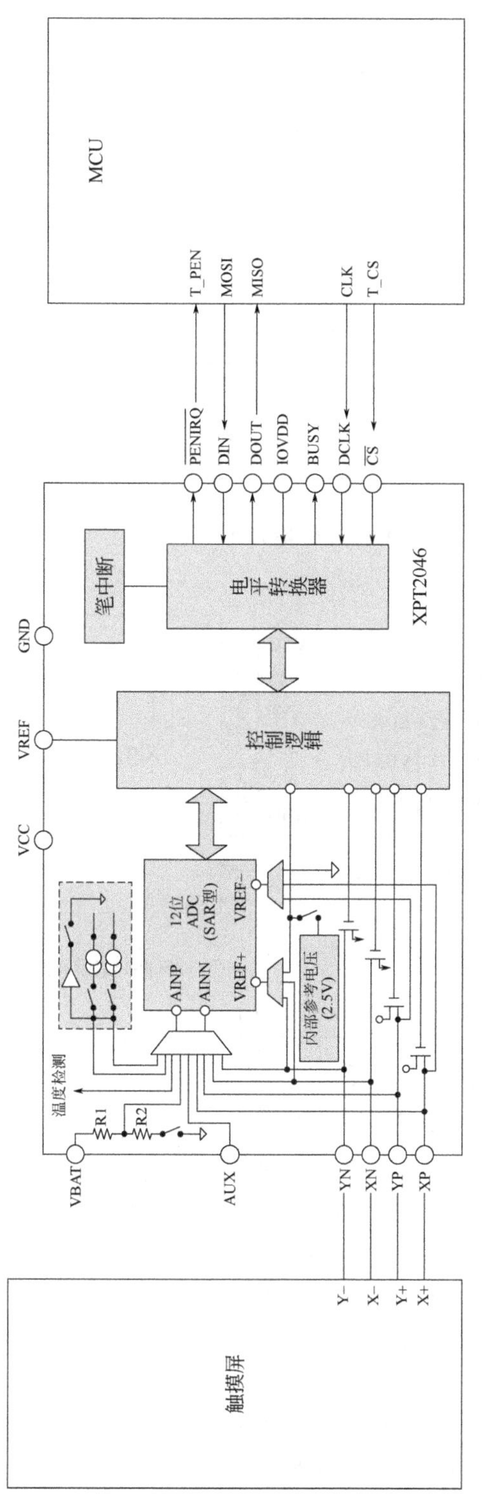

图 9.2　触摸屏硬件连接方式

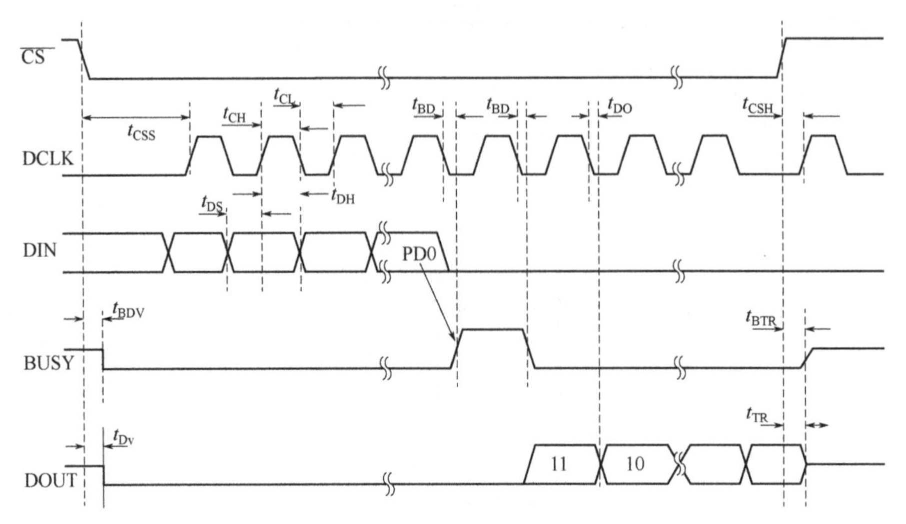

图 9.3　触摸控制器 SPI 通信协议

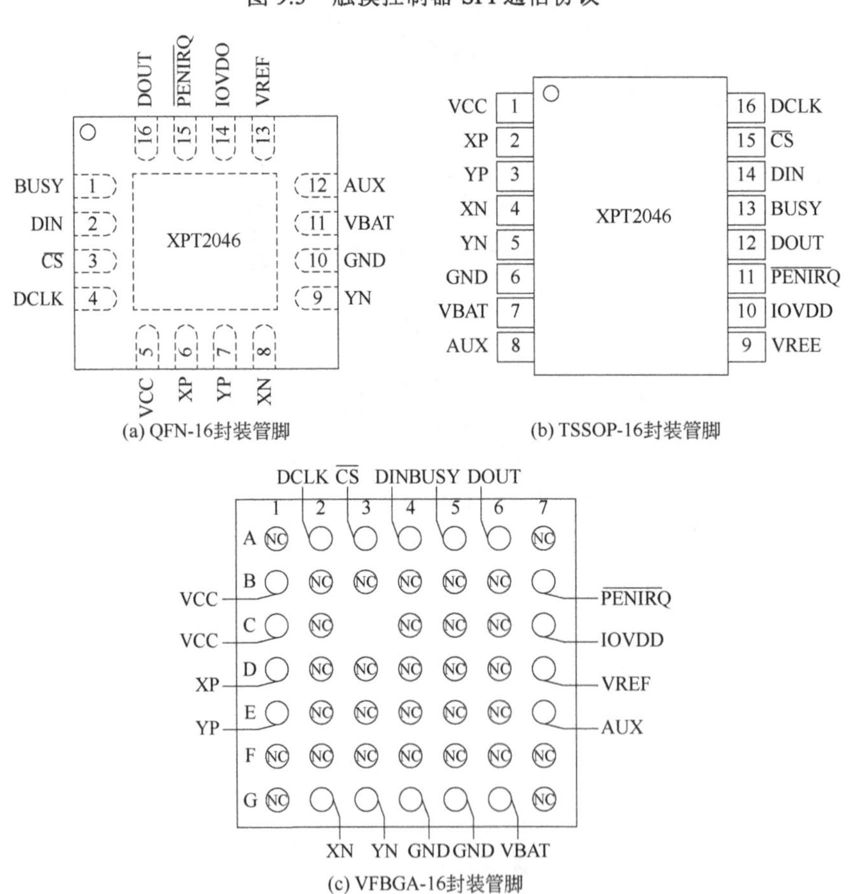

图 9.4　XPT2046 芯片管脚

表 9.1　XPT 2046 芯片管脚说明

QFN 管脚号	TSSOP 管脚号	VFBGA 管脚号	管脚名称	管脚说明
5	1	B1 和 C1	VCC	电源输入端
6	2	D1	XP	XP 位置输入端
7	3	E1	YP	YP 位置输入端
8	4	G2	XN	XN 位置输入端
9	5	G3	YN	YN 位置输入端
10	6	G4 和 G5	GND	接地
11	7	G6	VBAT	电池监视输入端
12	8	E7	AUX	ADC 辅助输入通道
13	9	D7	VREF	参考电压输入/输出
14	10	C7	IOVDD	数字电源输入端
15	11	B7	$\overline{\text{PENIRQ}}$	笔接触中断引脚
16	12	A6	DOUT	串行数据输出端，数据在 DCLK 的下降沿移出。当 CS 高电平时为高阻状态
1	13	A5	BUSY	BUSY 忙时信号线，但 CS 为高电平时为高阻态
2	14	A4	DIN	STM32F10x 的内部 RTC 模块，是一个独立的定时器
3	15	A3	$\overline{\text{CS}}$	片选信号。控制转换时序和使能串行输入输出寄存器，高电平时 ADC 掉电
4	16	A2	DCLK	外部时钟信号输入

（3）XPT2046 控制时序

XPT2046 控制时序如图 9.5 所示。

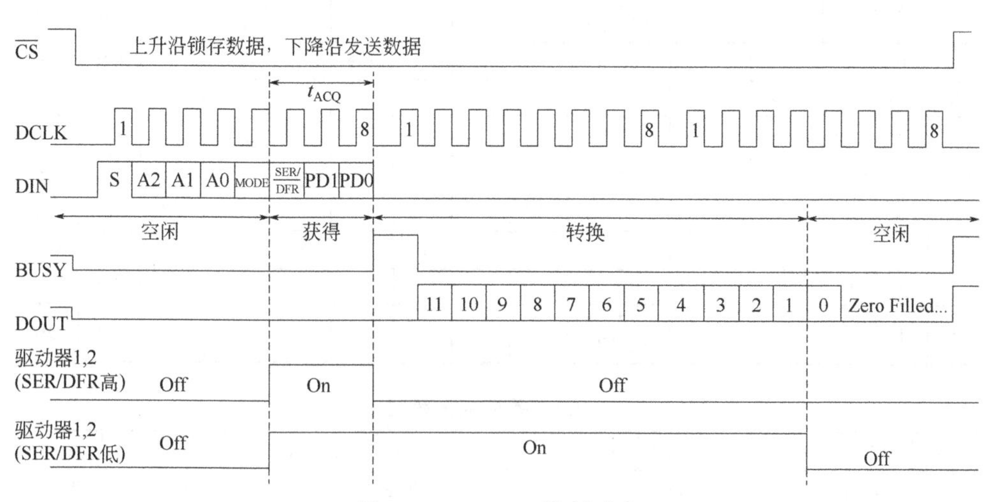

图 9.5　XPT2046 控制时序

拉低 CS 片选，在 8 个时钟脉冲的作用下，MCU 通过 MOSI 管脚发送一个控制字节来对触摸屏芯片进行工作模式的设定。当 XPT2046 接收到控制字节后，马上进入 BUSY 状态（等待 AD 芯片内部数字量转换完成，时间大约为 6μs），这时候需要主器件提供一个空闲时钟脉冲来对 BUSY 状态进行清除。然后就可以通过 MISO 管脚串行（一位一位）读取一个 16 位的数据（注意：只有 12 位有效，数据顺序为先高后低）。这个数据就是触摸屏芯片 A/D 转换后的数字量结果。读完数据之后，再把 CS 片选拉高，结束通信。

（4）控制字节

控制字节主要用来启动转换、寻址、设置 ADC 分辨率、配置和对 XPT2046 进行掉电控制，如表 9.2 所示。

表 9.2 控制位

位 7（MSB）	位 6	位 5	位 4	位 3	位 2	位 1	位 0（LSB）
S	A2	A1	A0	MODE	SER / $\overline{\text{DFR}}$	PD1	PD0

① 位 7（S）：控制字节的起始位。控制字的首位必须是 1，即 S=1。如在 XPT2046 的 DIN 管脚检测到起始位前，所有的输入将被忽略。

② 位 6～位 4（A2～A0）：通道选择位，用于设置触摸屏驱动和参考源输入（根据控制器的工作模式不同而不同，如表 9.3 和表 9.4 所示）。

表 9.3 单端输入模式

A2	A1	A0	V_{BAT}	AUX_{IN}	TEMP	YN	XP	YP	Y-位置	X-位置	Z_1-位置	Z_2-位置	X-驱动	Y-驱动
0	0	0			+IN (TEMP0)								Off	Off
0	0	1					+IN		测量				Off	On
0	1	0	+IN										Off	Off
0	1	1					+IN				测量		XN, On	YP, On
1	0	0				+IN						测量	XN, On	YP, On
1	0	1						+IN		测量			On	Off
1	1	0		+IN									Off	Off
1	1	1			+IN (TEMP1)								Off	Off

表 9.4 差分输入模式

A2	A1	A0	+REF	−REF	YN	XP	YP	Y-位置	X-位置	Z_1-位置	Z_2-位置	驱动
0	0	1	YP	YN		+IN		测量				YP, YN
0	1	1	YP	XN		+IN				测量		YP, XN

续表

A2	A1	A0	+REF	−REF	YN	XP	YP	Y-位置	X-位置	Z_1-位置	Z_2-位置	驱动
1	0	0	YP	XN	+IN						测量	YP, XN
1	0	1	XP	XN			+IN		测量			XP, XN

③ 位 3（MODE）：模式选择位。用于设置 ADC 的分辨率（转换精度）。MODE=0，ADC 转换将是 12 位模式；MODE=1，ADC 转换将是 8 位模式。

④ 位 2（SER/$\overline{\text{DFR}}$）：控制参考源的输入模式。该位为“1”，表示选择“单端输入模式”；该位为“0”，则表示选择“差分输入模式”。

注意：*差分输入模式仅用于 X 坐标、Y 坐标和触摸压力的测量，其他测量要求采用单端输入模式。*

⑤ 位 1、位 0（PD1、PD0）：低功率模式选择位。若为“11”，则器件总处于供电状态；若为“00”，则器件在变换之间处于低功率模式。

9.3 触摸屏校准

9.3.1 触摸屏校准的目的和原理

（1）触摸屏校准的目的

触摸屏校准目的是校准显示屏和触摸屏的坐标是否一一对应，是否可控。

（2）触摸屏校准的原理

校准原理公式：$Y=K_x+B$。

触摸屏和液晶显示屏都有 X、Y 坐标，液晶显示屏的坐标（X，Y）是显示屏画十字的坐标（已知），触摸屏的坐标（X_t，Y_t）是转换的数字量坐标值。

对应的公式为

$$X=K_xX_t+B_x$$
$$Y=K_yY_t+B_y$$

9.3.2 触摸屏校准步骤

① 校准界面需要校准图标，让我们知道去触摸哪个点（画十字），要求先画左上角的一个，单击后马上画第二个。

② 根据校准公式求出相应的触摸屏的坐标值。

③ 判断触摸点的坐标值是否正确。

④ 算出 K_x、B_x、K_y、B_y 的值。

⑤ 把所有得到的触摸屏物理量坐标都按照关系式（$X=K_xX_t+B_x$、$Y=K_yY_t+B_y$）来计算，得到的值就是和 LCD 对应的屏幕坐标，达到触摸屏校准的目的。

9.3.3 触摸屏软件设计

制作触摸按键控制蜂鸣器：

```
#include "stm32f10x.h"
#include "delay.h"
#include "led.h"
#include "beep.h"
#include "key.h"
#include "stdio.h"
#include "string.h"
#include "usart.h"
#include "ili9486.h"
#include "lcd_gui.h"
#include "pic.h"
#include "touch.h"
int main(void)
{
    TOUCH_TYPE_DEF touch_value;
    NVIC_SetPriorityGrouping(5);//优先级分组，第5组，占先和次级各自占2位
    Delay_Init();                   //配置延时函数
    led_Init();                     //LED端口初始化
    Beep_Init();                    //蜂鸣器端口初始化
    Key_Init();                     //按键端口初始化
    USART_1_Init(115200);           //串口初始化
    LCD_Init();                     //LCD屏初始化
    Touch_Init();                   //触摸屏初始化

    Show_Picture(0,0,320,480,gImage_xuejing);//显示图片
    //画触摸按键
    while(1)//死循环
    {
        touch_value = Touch_Scanf();
        if(touch_value.x != 0xffff || touch_value.y != 0xffff)
        {
            //屏幕被按下
            if(touch_value.x > 0 && touch_value.x < 160 && touch_
value.y > 0 && touch_value.y < 240)
            {
```

```
                    //如果按的是左上角
                    BEEP_ON;
                }
                else if(touch_value.x > 160 && touch_value.x < 320 &&
touch_value.y > 240 && touch_value.y < 480)
                {
                    //如果按的是右下角
                    BEEP_OFF;
                }
            }
        }
    }
```

课后资料

查看 

下载 

第10章 RTC实时时钟

10.1 RTC 实时时钟介绍

10.1.1 RTC 实时时钟概念

RTC 是实时时钟（Real Timer Clock）的缩写，通常是指一个集成电路。RTC 本质上是一个独立的定时器，通常情况下，需要外接一个 32.768kHz 晶振和配备电容（10～33pF）。由于时间是不停止的，为了满足这样一个需求，所以 RTC 实时时钟需要一个特殊供电方式。RTC 实时时钟供电方式是 MCU 主电源和备份电源共同供电（图 10.1），它需要保证当 MCU 停止供电或复位的情况下，RTC 不受任何影响，保持正常工作。

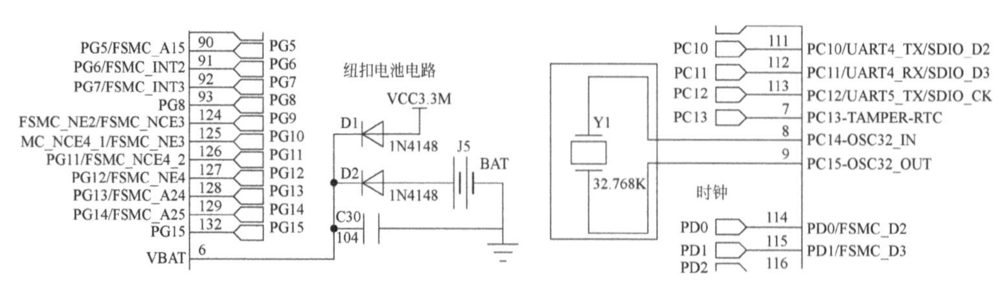

图 10.1　RTC 供电方式

10.1.2 RTC实时时钟时间基准

① 基于 Windows 操作系统：RTC 实时时钟在 Windows 操作系统下：1900 年 1 月 1 日 00:00:00。

② 基于 Linux 操作系统：RTC 实时时钟在 Linux 操作系统下：1970 年 1 月 1 日 00:00:00。

10.1.3 常用RTC外设芯片

（1）DS1302 RTC 芯片

DS1302 是具有 SPI 接口的 RTC 芯片,直接提供年月日、时分秒、星期功能，并可以自动计算润年。用户只需要通过 SPI 接口读取内部相应的时间寄存器，就可以得到时间（图 10.2）。芯片提供 2000～2099 年时间计时。

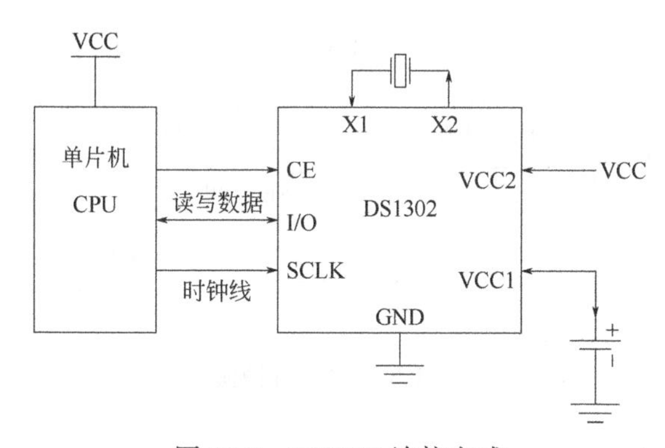

图 10.2　DS1302 连接方式

（2）PCF8563 RTC 芯片

PCF8563 是具有 IIC 接口的 RTC 芯片,直接提供年月日、时分秒、星期功能，并可以自动计算闰年。用户只需要通过 SPI 接口读取内部相应的时间寄存器，就可以得到时间。芯片提供 2000～2099 年时间计时。

10.2 STM32F10x芯片RTC模块介绍

10.2.1 STM32F10x芯片RTC模块概述

STM32F10x 的内部 RTC 模块是一个独立的定时器，只提供了秒计数器。

它不能直接得到年月日、时分秒、星期等数值，严格上讲，STM32F10x 的 RTC 模块不能算是一个 RTC 模块。STM32F10x 的 RTC 模块具有以下特性。

1）可以对 RTC 模块的时钟源进行分频，分频系数最高为 2^{20}。

2）RTC 模块的计数器为 32 位，可用于较长时间段的测量。

3）RTC 模块 RTC 的时钟源有 3 种（图 10.3）。

① 外部高速时钟在 128 分频后作为 RTC 时钟源。

② 外部低速时钟作为 RTC 时钟源。

③ 由内部 RCC 模块产生的 40kHz 时钟作为 RTC 时钟源。

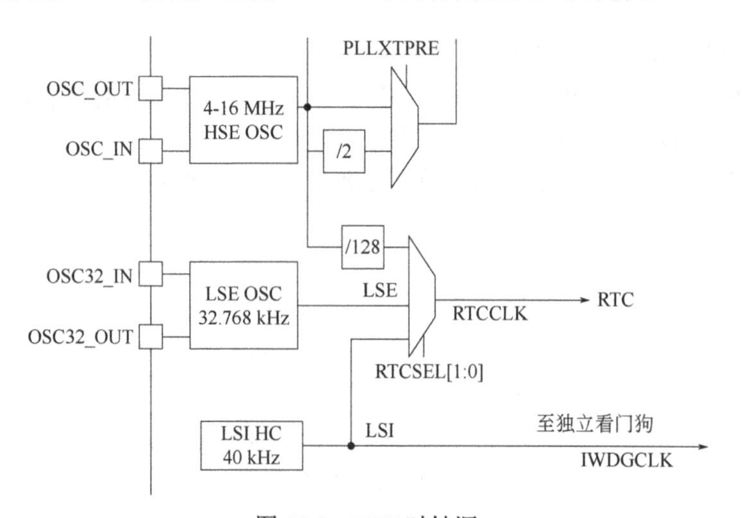

图 10.3　RTC 时钟源

4）RTC 模块的中断源有 3 个。

① 闹钟中断：用来产生一个软件可编程的闹钟中断。

② 秒中断：用来产生一个可编程的周期性中断信号（最长可达 1s）。

③ 溢出中断：指示内部可编程计数器溢出，并将其回转为 0 状态[61]。

5）可以提供唤醒 CPU 功能，让 CPU 退出待机模式。

10.2.2　STM32F10x 芯片备份存储器（BKP）介绍

BKP 具有 42 个 16 位的寄存器，它最大可以保存 84B 的内容，供电方式是用 VBAT 来维持，其中的数据可以被摧毁。TANPER 的机制是 STM32 提供的并且完成的，翻译为“侵入检测”，其中用到一个管脚（PC13）。它们在特殊区域中，当电源被切断时，是由 VBAT 来维持供电的。当整个系统睡眠被唤醒的时候，它也不会被唤醒。它是用来控制寄存器的，其作用是管理入侵和校准。

按下复位键后，对特殊区域和 RTC 的访问被禁止，并且备份域被保护，以防止可能存在的意外的写操作，执行以下操作可以使能对备份寄存器和 RTC 的访问。

① 通过设置寄存器 RCC_APB1ENR 的 PWREN 和 BKPEN 位来打开电源和后备接口的时钟。

② 电源控制寄存器(PWR_CR)的 DBP 位来使能对后备寄存器和 RTC 的访问[62]。

10.2.3 STM32F10x 芯片 RTC 模块内部框图

RTC 模块内部框图如图 10.4 所示。

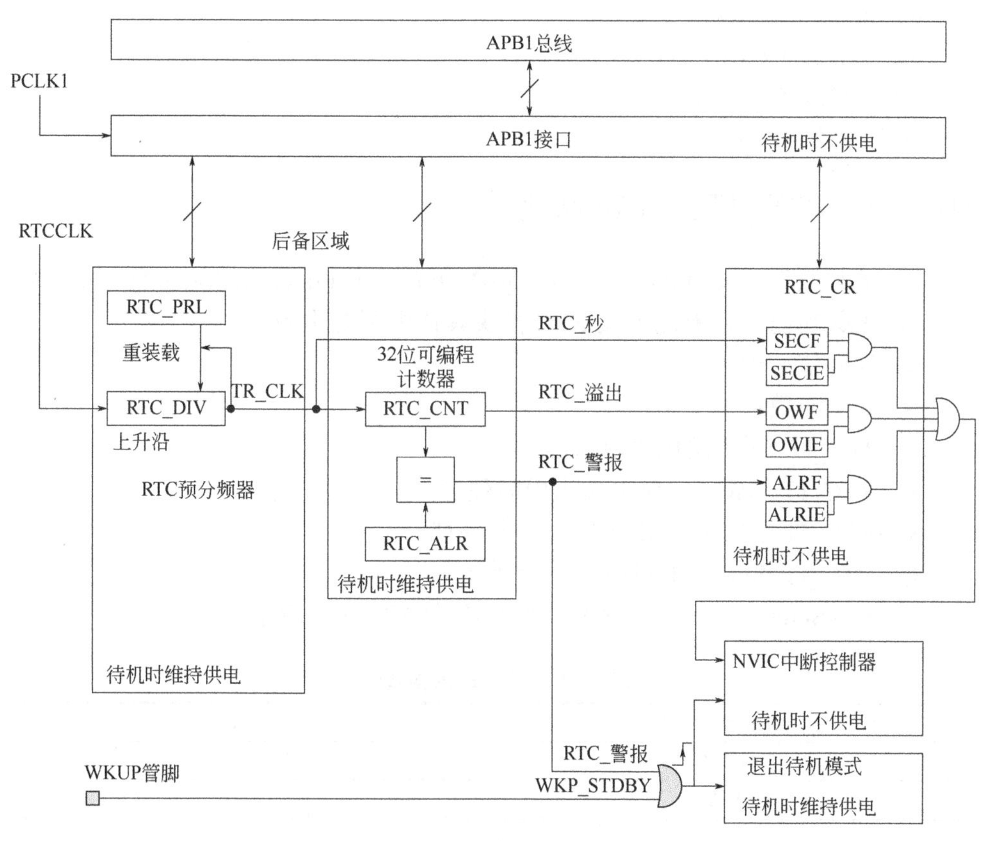

图 10.4 RTC 模块内部框图

10.3 STM32F10x 芯片 RTC 模块相关库函数

注意：本小节仅列出教学中所使用到的 RTC 模块相关库函数，更多的库函数介绍请参考 STM32 固件库使用手册的中文翻译版.pdf 文档。

函数分布文件。

① stm32f10x_rtc.c。

② stm32f10x_rtc.h。

③ stm32f10x_bkp.c。

④ stm32f10x_bkp.h。

⑤ stm32f10x_pwr.c。

⑥ stm32f10x_pwr.h。

⑦ stm32f10x_rcc.c。

⑧ stm32f10x_rcc.h。

10.3.1 RTC_ITConfig 函数

① 函数原型：void RTC_ITConfig(u16 RTC_IT, FunctionalState NewState)。

② 函数功能：使能或失能 RTC 模块具体中断源中断。

③ 返回值：无。

④ 函数参数：

a. RTC_IT：中断的中断源名称

- RTC_IT_OW：中断中溢出中断使能。
- RTC_IT_ALR：中断中闹钟中断使能。
- RTC_IT_SEC：中断中秒中断使能。

b. NewState：具体中断状态，状态参数如表 10.1 所示。

表 10.1　时钟具体参数值

NewState 状态参数	具体描述
ENABLE	使能中断
DISABLE	关闭中断

10.3.2 RTC_EnterConfigMod 函数

① 函数原型：void RTC_EnterConfigMode(void)。

② 函数功能：进入 RTC 模块配置模式。

③ 返回值：无。

④ 函数参数：无。

10.3.3 RTC_ExitConfigMode 函数

① 函数原型：void RTC_ExitConfigMode(void)。

② 函数功能：退出 RTC 模块配置模式。

③ 返回值：无。

④ 函数参数：无。

10.3.4 RTC_GetCounter 函数

① 函数原型：u32 RTC_GetCounter(void)。

② 函数功能：获取 RTC 模块计数器的当前计数值。

③ 返回值：RTC 模块当前计数值。

④ 函数参数：无。

10.3.5 RTC_WaitForLastTask 函数

① 函数原型：void RTC_WaitForLastTask(void)。

② 函数功能：等待上一次对 RTC 寄存器的写操作完成。

③ 返回值：无。

④ 函数参数：无。

10.3.6 RTC_SetCounter 函数

① 函数原型：void RTC_SetCounter(u32 CounterValue)。

② 函数功能：设置 RTC 计数器新的计数值。

③ 返回值：无。

④ 函数参数：

CounterValue：RTC 模块计数器新值。

注意：*在使用本函数前，必须先调用 RTC_WaitForLastTask()函数，等待标志位 RTOFF 被置位。*

10.3.7 RTC_SetPrescaler 函数

① 函数原型：void RTC_SetPrescaler(u32 PrescalerValue)。

② 函数功能：RTC 模块分频系数值。

③ 返回值：无。

④ 函数参数：

PrescalerValue：RTC 模块分频系数值。

注意：在使用本函数前，必须先调用 RTC_WaitForLastTask()函数，等待标志位 RTOFF 被置位。

10.3.8 RTC_ SetAlarm 函数

① 函数原型：void RTC_SetAlarm(u32 AlarmValue)。

② 函数功能：设置 RTC 模块的闹钟值。

③ 返回值：无。

④ 函数参数：

AlarmValue： RTC 新的闹钟值。

10.3.9 RTC_WaitForSynchro 函数

① 函数原型：void RTC_WaitForSynchro(void)。

② 函数功能：等待 RTC 模块数据同步完成。

③ 返回值：无。

④ 函数参数：无。

10.3.10 RTC_GetFlagStatus 函数

① 函数原型：FlagStatus RTC_GetFlagStatus(u16 RTC_FLAG)。

② 函数功能：读取具体状态标志位的状态值。

③ 返回值：标志位的当前状态值（SET 或 RESET）。

④ 函数参数：

RTC_FLAG：具体的标志位名称。

a．RTC_FLAG_RTOFF：RTC 操作 OFF 标志位。

b．RTC_FLAG_RSF：寄存器已同步标志位。

c. RTC_FLAG_OW：溢出中断标志位。
d. RTC_FLAG_ALR：闹钟中断标志位。
e. RTC_FLAG_SEC：秒中断标志位[63]。

10.3.11 RTC_ClearFlag 函数

① 函数原型：void RTC_ClearFlag(u16 RTC_FLAG)。
② 函数功能：把具体状态标志位的状态值清零。
③ 返回值：无。
④ 函数参数：
RTC_FLAG：具体的标志位名称，如表 10.2 所示。
注意：“RTC_FLAG_RTOFF” 标志位不能软件清除，“RTC_FLAG_RSF”标志位只有在 APB 复位，或 APB 时钟停止后，才可以清除，并且在使用本函数前，必须调用 RTC_WaitForLastTask()函数，等待标志位 RTOFF 被设置。

10.3.12 RTC_GetITStatus 函数

① 函数原型：ITStatus RTC_GetITStatus(u16 RTC_IT)。
② 函数功能：读取具体中断标志位的状态值。
③ 返回值：标志位的当前状态值（SET 或 RESET）。
④ 函数参数：
RTC_IT：具体的标志位名称，如表 10.2 所示。

表 10.2 中断参数值

RTC_FLAG 参数	具体描述
RTC_IT_OW	溢出中断标志位
RTC_IT_ALR	闹钟中断标志位
RTC_IT_SEC	秒中断标志位

10.3.13 RTC_ClearITPendingBit 函数

① 函数原型：void RTC_ClearITPendingBit(uint16_t RTC_IT)。
② 函数功能：把具体中断标志位的状态值清零。
③ 返回值：无。
④ 函数参数：

RTC_IT：具体的标志位名称，如表 10.2 所示。

10.3.14 BKP_ReadBackupRegister 函数

① 函数原型：u16 BKP_ReadBackupRegister(u16 BKP_DR)。
② 函数功能：从指定的后备寄存器中读出数据。
③ 返回值：后备寄存器中的数据。
④ 函数参数：
BKP_DR：数据后备寄存器。
a. BKP_DR1：选中数据寄存器 1。
b. BKP_DR2：选中数据寄存器 2。
c. BKP_DR3：选中数据寄存器 3。
d. BKP_DR4：选中数据寄存器 4。
e. BKP_DR5：选中数据寄存器 5。
f. BKP_DR6：选中数据寄存器 6。
g. BKP_DR7：选中数据寄存器 7。
h. BKP_DR8：选中数据寄存器 8。
i. BKP_DR9：选中数据寄存器 9。
j. BKP_DR10：选中数据寄存器 10[64]。

10.3.15 BKP_WriteBackupRegister 函数

① 函数原型：void BKP_WriteBackupRegister(u16 BKP_DR, u16 Data)。
② 函数功能：向指定的后备寄存器中写入用户程序数据。
③ 返回值：无。
④ 函数参数：
a. BKP_DR：数据后备寄存器。
b. Data：需要写入的数据。

10.3.16 PWR_BackupAccessCmd 函数

① 函数原型：void PWR_BackupAccessCmd(FunctionalState NewState)。
② 函数功能：允许或关闭 RTC 模块和后备寄存器的访问。
③ 返回值：无。
④ 函数参数：

NewState：具体状态值，状态参数如表 10.3 所示。

表 10.3 具体参数值

NewState 状态参数	具体描述
ENABLE	允许访问 RTC 模块和后备寄存器
DISABLE	关闭访问 RTC 模块和后备寄存器

10.3.17 RCC_LSEConfig 函数

① 函数原型：void RCC_LSEConfig(u32 RCC_LSE)。
② 函数功能：设置外部低速时钟（LSE）的具体状态。
③ 返回值：无。
④ 函数参数：
RCC_LSE：外部低速时钟的具体状态值，状态参数如表 10.4 所示。

表 10.4 外部低速时钟具体参数值

RCC_LSE 状态参数	具体描述
RCC_LSE_OFF	外部低速时钟关闭
RCC_LSE_ON	外部低速时钟使能
RCC_LSE_Bypass LSE	外部低速时钟旁路

10.3.18 RCC_RTCCLKConfig 函数

① 函数原型：void RCC_RTCCLKConfig(u32 RCC_RTCCLKSource);
② 函数功能：RTC 模块输入时钟源选择。
③ 返回值：无。
④ 函数参数：
RCC_RTCCLKSource：RTC 时钟源，具体参数如表 10.5 所示。

表 10.5 RTC 时钟源具体参数值

RCC_RTCCLKSource 状态参数	具体描述
RCC_RTCCLKSource_LSE	选择外部低速时钟作为 RTC 模块的时钟源
RCC_RTCCLKSource_LSI	选择内部低速时钟作为 RTC 模块的时钟源
RCC_RTCCLKSource_HSE_Div128	选择外部高速时钟的 128 分频后的时钟作为 RTC 模块的时钟源

10.3.19 RCC_RTCCLKCmd 函数

① 函数原型：void RCC_RTCCLKCmd(FunctionalState NewState)。

② 函数功能：使能 RTC 模块时钟。

③ 返回值：无。

④ 函数参数：

NewState：RTC 模块时钟状态，状态参数如表 10.6 所示。

表 10.6 时钟具体参数值

NewState 状态参数	具体描述
ENABLE	使能 RTC 模块时钟
DISABLE	关闭 RTC 模块时钟

10.4 RTC 软件设计

LCD 屏显示 RTC 时间。

Lcd.c 文件：

```
#include "rtc.h"
#include "sys_tick.h
Calendar_TypeDef calendar;//时钟结构体
// 函 数 名：rtc_init
// 功    能：RTC 初始化  实时时钟配置
// 参    数：无
// 返    回：0：正常 ；  其他：错误
// 其    他：
// 编    写：山东农业工程学院
// 编写时间：  2018-12-22
// 最后修改：
u8 rtc_init(void)
{
     if(BKP_ReadBackupRegister(BKP_DR1) != 0x6061)//复位之后不再初始化 RTC
     {
          //初始化 BKP
     RCC_APB1PeriphClockCmd(RCC_APB1Periph_BKP|RCC_APB1Periph_PWR,
ENABLE);
          PWR_BackupAccessCmd(ENABLE);//允许对备份区域写操作
          BKP_DeInit();//对 BKP 中的寄存器初始化
```

```
        //初始化RTC时钟源LSE(外部32.768kHz的晶振)
        RCC_LSEConfig(RCC_LSE_ON);
        //检测RTC外部LSE时钟是否初始化完毕
        while(RCC_GetFlagStatus(RCC_FLAG_LSERDY) == RESET);
        //配置RTC时钟为LSE
        RCC_RTCCLKConfig(RCC_RTCCLKSource_LSE);
        RCC_RTCCLKCmd(ENABLE);

        //设置RTC时钟分频和计数初始化
        RTC_WaitForLastTask(); //等待上次写寄存器操作完成
        RTC_WaitForSynchro();  //等待APB1与RTC同步
        RTC_EnterConfigMode(); //进入可以修改寄存器模式
        RTC_SetPrescaler(32768-1);//设置RTC的分频
        RTC_WaitForLastTask(); //等待上次写寄存器操作完成

//      RTC_SetCounter(15*3600+48*60+0);
        rtc_set(2018,12,15,9,40,00);//年月日时分秒 //设置时间
        RTC_ExitConfigMode();  //退出修改寄存器模式

        BKP_WriteBackupRegister(BKP_DR1,0x6061)[65];//往BKP寄存器
写一个标志位值
    }
    else
    {
        RTC_WaitForSynchro();//等待RTC与APB1同步
    }
    RTC_NVICConfig();   //RTC中断初始化

    return 0;           //return ok
}

// 函数名: RTC_NVICConfig
// 形参: 无
// 返回值: 无
// 函数功能: RTC中断初始化和设置
void RTC_NVICConfig(void)
{
//  void NVIC_Init(NVIC_InitTypeDef* NVIC_InitStruct);
    NVIC_InitTypeDef NVIC_InitStructure;

    NVIC_InitStructure.NVIC_IRQChannel = RTC_IRQn;
    NVIC_InitStructure.NVIC_IRQChannelPreemptionPriority = 1;
    NVIC_InitStructure.NVIC_IRQChannelSubPriority = 1;
    NVIC_InitStructure.NVIC_IRQChannelCmd = ENABLE;
    NVIC_Init(&NVIC_InitStructure);
```

```
    //设置为 1s 中断[66]
    RTC_ITConfig(RTC_IT_SEC,ENABLE);
}

// 函 数 名: RTC_IRQHandler
// 功    能: RTC 时钟中断   每秒触发一次
// 输入参数: 无
// 返    回: 无
// 其    他:
// 编    写: 山东农业工程学院

void RTC_IRQHandler(void)
{
    if(RTC_GetITStatus(RTC_IT_SEC) != RESET)
    {
        RTC_ClearITPendingBit(RTC_IT_SEC);
        rtc_get();
    }
}

// 函 数 名: is_leap_year
// 功    能: 判断是否是闰年函数
// 输入参数: year:年份
// 返    回: 该年份是不是闰年。1:是; 0:不是
// 其    他: 月份    1  2  3  4  5  6  7  8  9 10 11 12
//           闰年   31 29 31 30 31 30 31 31 30 31 30 31
//           非闰年 31 28 31 30 31 30 31 31 30 31 30 31
// 编    写: 山东农业工程学院

u8 is_leap_year(u16 year)
{
    if (((year % 4) == 0 && (year % 100) != 0) || (year % 400) == 0)
    {
        return 1;
    }
    else
    {
        return 0;
    }
}

//平年的月份日期表
const u8  mon_table[12]={31,28,31,30,31,30,31,31,30,31,30,31};
// 函 数 名: rtc_Set
// 功    能: 设置时钟, 将时间转换成秒 写入 RTC
// 输入参数: 年/月/日/小时/分钟/秒
```

```
// 返    回: 设置结果。0, 成功; 1, 失败
// 其    他: 以 1970 年 1 月 1 日为基准    1970~2099 年为合法年份
// 编    写:
u8 rtc_set(u16 syear,u8 smon,u8 sday,u8 hour,u8 min,u8  sec)
{
    u16 t;
    u32 seccount = 0;

    if(syear<1970 || syear>2099)return 1;

    for(t=1970; t<syear; t++)   //把所有年份的秒钟数相加
    {
        if(is_leap_year(t))
        {
            seccount += 31622400;//闰年的秒钟数
        }
        else
        {
            seccount += 31536000;//平年的秒钟数
        }
    }
    smon -= 1;
    for(t=0; t<smon; t++)   //把前面月份的秒钟数相加
    {
        seccount += (u32)mon_table[t] * 86400;//月份秒钟数相加
                if(is_leap_year(syear) && t==1)
        {
            seccount += 86400;//闰年 2 月份增加一天的秒钟数
        }
    }
    seccount += (u32)(sday - 1) * 86400;//把前面日期的秒钟数相加
    seccount += (u32)hour * 3600;//小时秒钟数
    seccount += (u32)min * 60;   //分钟秒钟数
    seccount += sec;//最后的秒钟数加上去
    /* 设置时钟, 下面三步是必须的! */
    RTC_SetCounter(seccount);
    RTC_WaitForLastTask();
    rtc_get();//设置完之后更新一下数据
    return 0[67];
}
// 函 数 名: rtc_get
// 功    能: 获取时间函数
// 输入参数: 无
// 返    回: 设置结果。0, 成功;     1, 失败
// 其    他: 得到当前的时间, 结果保存在 calendar 结构体里面
// 编    写: 山东农业工程学院
```

```
u8 rtc_get(void)
{
    static u16 daycnt = 0;
    u32 timecount = 0;
    u32 temp = 0;
    u16 temp1 = 0;
        timecount = RTC_GetCounter();
    temp = timecount / 86400;   //得到天数(秒钟数对应的)
    if (daycnt != temp)//超过一天了
    {
        daycnt = temp;
        temp1 = 1970;   //从1970年开始
        while (temp >= 365)
        {
            if (is_leap_year(temp1))//是闰年
            {
                if (temp >= 366)
                {
                    temp -= 366;//闰年的秒钟数
                }
                else
                {
                    break;
                }
            }
            else
            {
                temp -= 365;        //平年
            }
            temp1++;
        }
        calendar.w_year = temp1;     //得到年份
        temp1 = 0;
        while (temp >= 28)//超过了一个月
        {
            if (is_leap_year(calendar.w_year) && temp1 == 1)
//当年是不是闰年/2月份
            {
                if (temp >= 29)
                {
                    temp -= 29;//闰年的秒钟数
                }
                else
                {
                    break;
                }
```

```
            }
            else
            {
                if (temp >= mon_table[temp1])
                {
                    temp -= mon_table[temp1];//平年
                }
                else
                {
                    break;
                }
            }
            temp1++;
        }
        calendar.w_month = temp1 + 1;      //得到月份
        calendar.w_date = temp + 1;        //得到日期
    }
    temp = timecount % 86400;              //得到秒钟数
    calendar.hour = temp / 3600;           //小时
    calendar.min = (temp % 3600) / 60;     //分钟
    calendar.sec = (temp % 3600) % 60;     //秒钟

    calendar.week = rtc_get_week(calendar.w_year, calendar.w_month,
calendar.w_date);//获取星期
        return 0;
}[10]
// 函 数 名: rtc_get_week
// 功    能: 获取星期 函数
// 输入参数: year、month、day: 公历日期;
// 返    回: week:星期值
// 其    他: 使用基姆拉森计算公式
// 编    写: 山东农业工程学院
u8 rtc_get_week(u16 year,u8 month,u8 day)
{
    u8 week;
        /* 把每一年的 1 月和 2 月看成是上一年的 13 月和 14 月 */
    if (month == 1 || month == 2)
    {
        month += 12;
        year--;
    }
    week = (day + 1 + 2 * month + 3 * (month + 1) / 5
            + year + year / 4 - year / 100 + year / 400) % 7;
        return (week);
}
// 函 数 名: time_to_str
```

```
// 功    能  将时间值转换成字符串 函数
// 输入参数  ti: 字符串首地址;
// 返    回: 无
// 其    他:
// 编    写: 山东农业工程学院
void time_to_str(u8 ti[])
{
    /* 2014-08-12 22:44:33 */
    ti[0] = calendar.w_year/1000 + '0';
    ti[1] = calendar.w_year%1000/100 + '0';
    ti[2] = calendar.w_year%100/10 + '0';
    ti[3] = calendar.w_year%10 + '0';
    ti[4] = '-';
    ti[5] = calendar.w_month/10 + '0';
    ti[6] = calendar.w_month%10 + '0';
    ti[7] = '-';
    ti[8] = calendar.w_date/10 + '0';
    ti[9] = calendar.w_date%10 + '0';
    ti[10] = ' ';
    ti[11] = calendar.hour/10 + '0';
    ti[12] = calendar.hour%10 + '0';
    ti[13] = ':';
    ti[14] = calendar.min/10 + '0';
    ti[15] = calendar.min%10 + '0';
    ti[16] = ':';
    ti[17] = calendar.sec/10 + '0';
    ti[18] = calendar.sec%10 + '0';
}
```

Main.c 文件

```
#include "stm32f10x.h"
#include "delay.h"
#include "led.h"
#include "beep.h"
#include "key.h"
#include "stdio.h"
#include "string.h"
#include "usart.h"
#include "ili9486.h"
#include "lcd_gui.h"
#include "pic.h"
#include "touch.h"
#include "rtc.h"
int main(void)
{
```

```
    u8 buff[128]={0};
    int old_sec = calendar.sec;
    NVIC_SetPriorityGrouping(5);  //优先级分组，第5组，占先和次级各自占2位
    Delay_Init();                 //配置延时函数
    USART_1_Init(115200);         //串口初始化
    LCD_Init();             //LCD屏初始化
    rtc_init();
    while(1)//死循环
    {
        if(old_sec != calendar.sec)
        {
            time_to_str(buff);//把时间转换为字符串
LCD_Dis_String(0,50,buff,RGB(255,0,0),RGB(0,255,255),1);//显示时间
            old_sec = calendar.sec;
        }
    }
}
```

课后资料

查看 

下载 

第11章 温湿度传感器

11.1 DHT11产品介绍

11.1.1 DHT11概述

DHT11 数字式温湿度传感器是一款含有已校准数字信号输出的温湿度复合传感器，它为确保产品的高可靠性和长期的稳定性，采用了专用的温湿度传感技术和数字模块采集技术。DHT11 温湿度传感器主要由一个电阻式的感湿元件和一个 NTC 测温元件以及一个高性能 8 位单片机组成。该产品具有卓越的品质、响应速度快、抗干扰能力强、性价比高等优点。每个 DHT11 传感器在出厂之前都在极为准确的湿度校验室中进行校准，其校准后的系数以程序的形式存放于 OTP 内存中，传感器内部在检测信号的处理过程中需要调用这些校准系数。DHT11 采用单总线数据格式，使得系统集成变得简易快捷。DHT11 也因其体积小、功耗低等原因使其在苛刻应用场合下成为该类产品中的最佳选择。该产品使用 4 针单排引脚进行封装，连接方便[32]。

11.1.2 应用领域

DHT11 数字式温湿度传感器主要应用于测试及检测设备、暖通空调、汽车、气象站、自动控制、消费品、家电、除湿器、湿度调节器、医疗等领域。

11.1.3 传感器性能说明

DHT11 传感器性能说明如表 11.1 所示。

表 11.1 DHT11 传感器性能说明

参数	条件	最小值	中间值	最大值	单位
湿度					
分辨率	—	1	1	1	%RH
		—	16	—	位
重复性	—	—	±1	—	%RH
精度	25℃	—	±4	—	%RH
	0～50℃	—	—	±5	%RH
量程范围	0℃	30	—	90	%RH
	25℃	20	—	90	%RH
	50℃	20	—	80	%RH
响应时间	达到 63%响应，25℃，风速 1m/s	6	10	15	s
迟滞	—	—	±1	—	%RH
长期稳定性	典型值	—	±1	—	%RH/a
温度					
分辨率	—	1	1	1	℃
		16	16	16	位
重复性	—	—	±1	—	℃
精度	—	±1	—	±2	℃
量程范围	—	0	—	50	℃
响应时间	达到 63%响应	6	—	30	s

11.1.4 测量分辨率

温度、湿度测量分辨率均为 8 位。

11.1.5 电气特性

DHT11 传感器电气特性如表 11.2 所示。

表 11.2　DHT11 传感器电气特性

参数	条件	最小值	中间值	最大值	单位
供电	DC	3	5	5.5	V
供电电流	测量	0.5		2.5	mA
	平均	0.2		1	mA
	待机	100		150	μA
采样周期	秒	1			次

注意：采样周期间隔不得低于 1s，测试环境：VCC=5V，T = 25℃（除非特殊标注）。

11.2　模块接口说明

11.2.1　模块连接电路图

DHT11 模块连接电路见图 11.1。

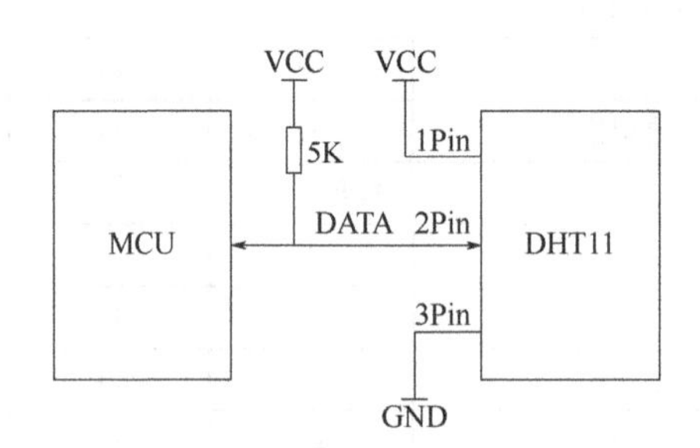

图 11.1　DHT11 模块连接电路图

11.2.2　管脚说明

① 第一个管脚为 VCC，用于接电源，DC 供电 3～5.5V。

② 第二个管脚为 DATA，用于接串行数据，单总线（接任意普通 GPIO 端口）。

③ 第三个管脚为 GND，用于接地，电源负极。

注意：建议连接线长度小于 20m 时，用 5kΩ上拉电阻；大于 20m 时，根据实际情况使用合适的上拉电阻。

11.2.3 电源管脚

DHT11 的工作电压为 3～5.5V。在传感器通电完成后，需要等待 1s，以越过传感器不稳定状态，在这个期间不需要给传感器发送任何指令。传感器的 VCC 和 GND 两个管脚之间可以增加一个 100nF 的电容，用于去耦滤波[36]。

11.2.4 DHT11 数据传输流程

DHT11 数据传输流程如图 11.2 所示。

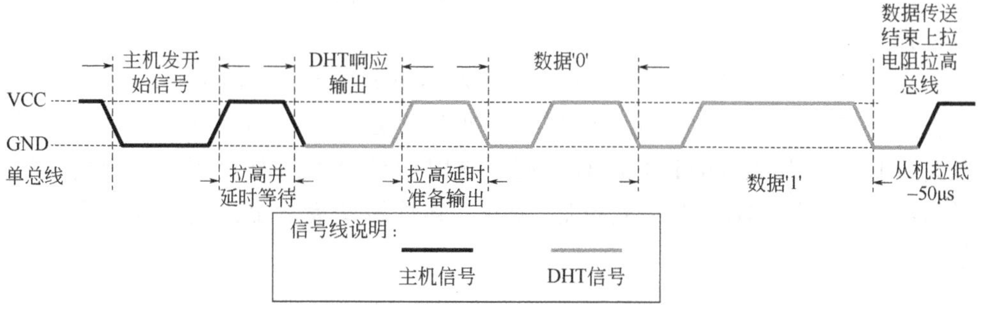

图 11.2 DHT11 数据传输流程图

用户 MCU 在发送一次开始信号之后，DHT11 从低功耗模式下转换到高速模式，等待着主机开始信号结束之后，DHT11 发送相应信号后，发送出 40 位的数据，触发一次信号采集，用户可以选择读取部分的采集数据。高速模式下，DHT11 在接收到开始采集的信号后，触发一次温湿度采集。如果没有接收到主机发送的开始信号，DHT11 就不会主动进行数据的采集。DHT11 在完成数据采集后，就会从高速模式转换到低速模式，等待接收下一次的数据采集信号[39]。

11.2.5 主机复位信号和 DHT11 响应信号

主机信号与 DHT11 信号响应如图 11.3 所示。

总线空闲状态为高电平，主机会把总线拉低，以等待 DHT11 的响应，必须大于 18ms。当主机把总线拉低时，保证开始信号能被 DHT11 检测到。DHT11 开始接收到主机的信号后,会等待主机开始信号结束，然后会发送出 80μs 低电

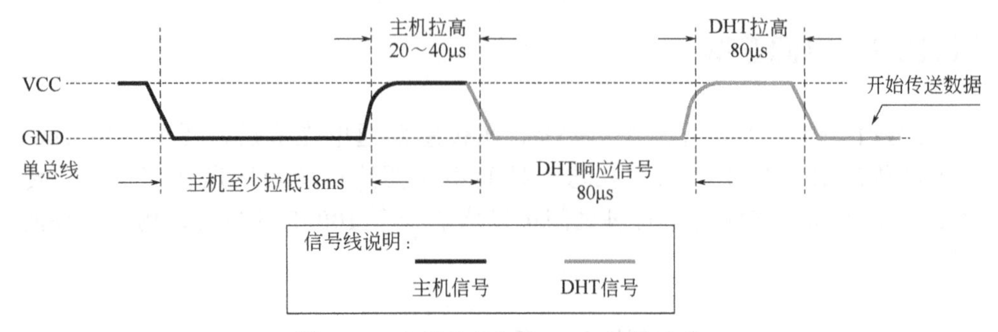

图 11.3　主机信号与 DHT11 信号响应

平响应信号。当主机发送开始信号结束后，会延时等待 20～40μs，读取 DHT11 的响应信号。当主机发送开始信号后，可以切换到输出高电平或输入模式，总线会把电阻拉高。

总线为低电平时，说明 DHT11 已经发送响应信号。当响应信号被 DHT11 发出后，总线会被拉高 80μs，数据会被准备发送。如果 DHT11 响应信号被读取为高电平，那么 DHT11 没有相应，这时应检查连接是否正常。当传送完最后 1 位数据，DHT11 会被拉低 50μs，其总线就会从上拉电阻拉高到空闲的状态[53]。

11.2.6　DHT11 数据表示方法

DHT11 在低电平检测之后，数据都是以每一位 50μs 低电平开始传输，检测到高电平的时间为 26～28μs，则表示数字“0”（图 11.4），整个周期时间约为 80μs，如果高电平的长的时间为 70μs，则表示数字“1”（图 11.5），整个周期时间约为 120μs。

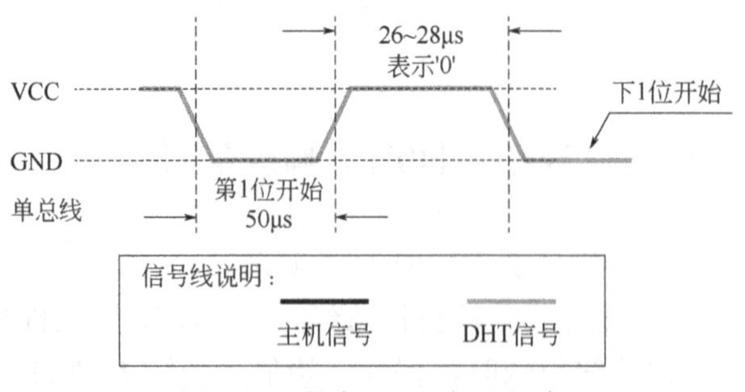

图 11.4　数字“0”表示方法

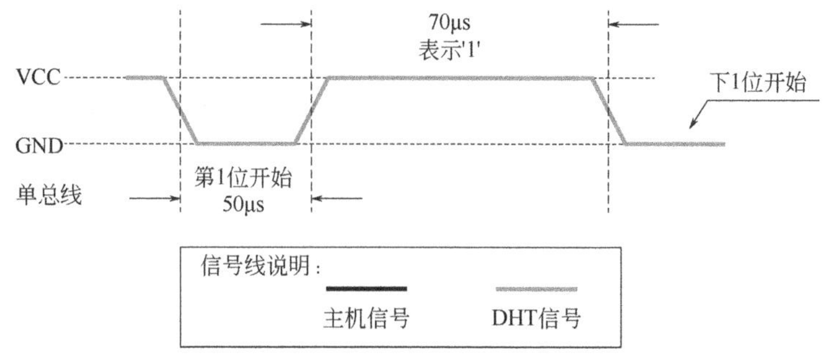

图 11.5　数字“1”表示方法

11.2.7　DHT11 数据结构

DHT11 数字湿温度传感器采用单总线数据格式，即单个数据管脚端口完成输入输出双向传输。数据分小数部分和整数部分，一次完整的数据传输为 40 位（高位在前）。具体数据格式如下：

8 位湿度整数数据+8 位湿度小数数据+8 位温度整数数据+8 位温度小数数据+8 位校验和

注意：校验和数据为前四个字节相加。传感器数据输出的是二进制数据。数据（湿度、温度、整数、小数）之间应该分开处理[59]。

例：某次从传感器中读取 40 位（5Byte）数据：

Byte4	Byte3	Byte2	Byte1	Byte0
00101101	00000000	00011100	00000000	01001001
整数	小数	整数	小数	校验和
湿度		温度		校验

由以上数据就可得到湿度和温度的值，计算方法：

humi（湿度）= Byte4 . Byte3=45.0（%RH）

temp（温度）= Byte2 . Byte1=28.0（℃）

jiaoyan（校验）= Byte4 + Byte3 + Byte2 + Byte1 = 73（humi+temp）（校验正确）

注意：DHT11 一次通信时间最大为 3ms，主机连续采样间隔建议不小于 1000ms。

11.3　DHT11 软件设计

采集温湿度值显示在 LCD 屏上。

dht10.c 文件：

```
#include "stm32f10x.h"
#include "sys_tick.h"
//DHT11_DATA  -- PG2
/*
    作用：初始化 PG2 的工作模式
    参数：mode  1：初始化为输入模式 0：初始化为输出模式
*/
void dht11_data_mode(u8 mode)
{
    GPIO_InitTypeDef GPIO_InitStruct;
    //打开 PG 时钟
    RCC_APB2PeriphClockCmd(RCC_APB2Periph_GPIOG,ENABLE);
    //配置工作模式
    GPIO_InitStruct.GPIO_Pin = GPIO_Pin_2;
    if(mode == 1)
    {
        //配置为浮空输入模式
        GPIO_InitStruct.GPIO_Mode = GPIO_Mode_IN_FLOATING;
    }
    else if(mode == 0)
    {
        //配置为通用推挽输出模式
        GPIO_InitStruct.GPIO_Mode = GPIO_Mode_Out_PP;
        GPIO_InitStruct.GPIO_Speed = GPIO_Speed_50MHz;
    }
    GPIO_Init(GPIOG,&GPIO_InitStruct);
}
/*
    作用：读取温湿度值
    参数：t 为存放读取的温度  h 为存放读取的湿度
    返回值：1 为读取成功  0 为读取失败
*/
u8 dht11_read_ht(int *t,int *h)
{
    int i,j;
    int cnt;
    u8 buff[5] = {0};
        dht11_data_mode(0);//配置数据线为输出模式
    //发送开始信号
    GPIO_SetBits(GPIOG,GPIO_Pin_2);//数据线拉高
    GPIO_ResetBits(GPIOG,GPIO_Pin_2);//数据线拉低
    Delay_ms(18);
    GPIO_SetBits(GPIOG,GPIO_Pin_2);//数据线拉高
    Delay_us(30);
```

```
    dht11_data_mode(1);//配置数据线为输入模式
//接收响应信号
cnt = 0;
while(GPIO_ReadInputDataBit(GPIOG,GPIO_Pin_2))//等待数据线变低
{
    cnt++;
    Delay_us(1);
    if(cnt > 500)
    {
        return 0;//返回错误
    }
}
cnt = 0;
while(!GPIO_ReadInputDataBit(GPIOG,GPIO_Pin_2))//等待数据线变高
{
    cnt++;
    Delay_us(1);
    if(cnt > 500)
    {
        return 0;//返回错误
    }
}
    //接收数据
for(i=0;i<5;i++)
{
    for(j=7;j>=0;j--)
    {
        cnt = 0;
        while(GPIO_ReadInputDataBit(GPIOG,GPIO_Pin_2))//等待
数据线变低
        {
            cnt++;
            Delay_us(1);
            if(cnt > 500)
            {
                return 0;//返回错误
            }
        }
        cnt = 0;
        while(!GPIO_ReadInputDataBit(GPIOG,GPIO_Pin_2))
//等待数据线变高
        {
            cnt++;
            Delay_us(1);
            if(cnt > 500)
            {
```

```
                    return 0;//返回错误
                }
            }
            Delay_us(40);
            if(GPIOG->IDR & (1<<2))
            {
                //读取到 1
                buff[i] |= 1<<j;
            }
            else
            {
                //读取到 0
                buff[i] &= ~(1<<j);
            }
        }
    }
        //校验数据
    if(buff[0] + buff[1] + buff[2] + buff[3] == buff[4])
    {
        *t = buff[2];
        *h = buff[0];
        return 1;
    }
    else
    {
        return 0;
    }
}
```

Main.c 文件：

```
#include "stm32f10x.h"
#include "delay.h"
#include "led.h"
#include "beep.h"
#include "key.h"
#include "stdio.h"
#include "string.h"
#include "usart.h"
#include "ili9486.h"
#include "lcd_gui.h"
#include "pic.h"
#include "touch.h"
#include "rtc.h"
#include "dht11.h"
#include "stdio.h"
```

```c
int main(void)
{
    int t,h;
    char buff[128]={0};
    int old_sec = calendar.sec;
    NVIC_SetPriorityGrouping(5);//优先级分组，第5组，占先和次级各自占2位
    Delay_Init();                //配置延时函数
    USART_1_Init(115200);    //串口初始化
    LCD_Init();                  //LCD屏初始化

    while(1)//死循环
    {
        Delay_ms(2000);
        if(dht11_read_ht(&t,&h) == 1)
        {
            //读取成功
            sprintf(buff,"t=%d",t);
            LCD_Dis_String(10,100,(const u8 *)buff,RGB(255,0,0),
RGB(0,0,255),2);

            sprintf(buff,"h=%d",h);
            LCD_Dis_String(10,200,(const u8 *)buff,RGB(255,0,0),
RGB(0,0,255),2);
        }
        else
        {
        }
    }
}
```

课后资料

下载

参 考 文 献

[1] 陈启军. 嵌入式系统及其应用. 上海: 同济大学出版社, 2015.
[2] 涂颖, 刘叶林, 李刚. 基于 STM32 智能盆栽远程补光浇水设计[J]. 电子制作, 2018(13):26-28.
[3] 曾思斌. 基于 STM32 ARM 的智能电表研究与设计[D]. 广州: 华南理工大学, 2014.
[4] 董方程. 基于嵌入式芯片的模拟对象开发[D]. 山东: 中国石油大学(华东), 2014.
[5] 程文龙, 徐瑾, 孙智勇. 基于 STM32 呼吸灯的实现[J]. 电脑知识与技术, 2018, 14(7):198-199, 213.
[6] 李青. 基于 STM32 的智能水质监测系统的研究和设计[D]. 合肥: 合肥工业大学, 2015.
[7] 季媛媛. 基于嵌入式技术的智能大棚监控系统设计与实现[D]. 武汉: 武汉工程大学, 2017.
[8] 刘静. 基于 ARM 嵌入式教学实验平台的设计与开发[D]. 成都: 电子科技大学, 2014.
[9] 吴宇明. 基于 ARM-WinCE 螺杆式热泵机组控制器的研制[D]. 杭州: 杭州电子科技大学, 2012.
[10] 周棋. 基于 ARM 的太阳自动跟踪系统设计[D]. 长沙: 湖南大学, 2011.
[11] 李红燕. 基于嵌入式平台的通信系统研究及其应用设计[D]. 北京: 北京邮电大学, 2013.
[12] 潘凌锋. 基于 STM32 的恒温混水阀控制器的设计与实现[D]. 杭州: 杭州电子科技大学, 2012.
[13] 陈婷. C 语言程序设计实验教学改革探究[J]. 实验技术与管理, 2010, 27(10): 182-184.
[14] 张锐. 综合智能报务终端的研究和实现[D]. 成都: 电子科技大学, 2003.
[15] 王永水. 钢轨除锈机控制系统研制[D]. 成都: 西南交通大学, 2008.
[16] 潘杰. 聚芯 SoC 高性能访存技术研究[D]. 北京: 中国科学院研究生院(计算技术研究所), 2006.
[17] 于松涛. 浅谈几种计算机语言在招生统计中的应用[J]. 北京统计, 1996(8): 27-28.
[18] 汪姣. 基于 XenServer 的云服务器指纹信息提取关键技术研究[D]. 西安: 西安电子科技大学, 2017.
[19] 李凌晗. 基于 AllJoyn 的异构物联网融合的研究[D]. 北京: 北京邮电大学, 2016.
[20] 周健. 多处理器下的 Linux 实时化技术研究[D]. 成都: 电子科技大学, 2008.
[21] 刘承玉. 基于源代码的隐蔽通道分析方法若干关键问题的研究[D]. 北京: 北京交通大学, 2010.
[22] 陈鹏. 基于 ARM 嵌入式组合导航系统的研究与设计[D]. 重庆: 重庆邮电大学, 2016.
[23] 方前. 面向嵌入式系统的开发平台的研究[D]. 杭州: 浙江大学, 2005.
[24] 刘宾坤. 基于 Android 平台的车辆识别码识别技术的研究[D]. 大连: 大连交通大学, 2017.
[25] 韩毓. 基于单片机的蔬菜大棚温度控制系统[D]. 青岛: 中国海洋大学, 2010.
[26] 程宾. 基于 ARM 的浮纹织物花型织造从机控制系统的研究[D]. 郑州: 中原工学院, 2016.
[27] 蔡文泉. 基于 CAN 总线的激光冲击成形装置控制系统研究[D]. 镇江: 江苏大学, 2005.
[28] 徐凯. 基于物联网的农业环境监控系统研究开发[D]. 无锡: 江南大学, 2013.
[29] 刘甲玉. 基于 ARM 的图像采集与无线传输技术的研究[D]. 芜湖: 安徽工程大学, 2010.
[30] 向柳. 面向 AVS IPTV 的嵌入式图形系统的设计与实现[D]. 上海: 复旦大学, 2008.
[31] 袁宏伟. 基于嵌入式 Linux 的移动通信终端的研究[D]. 大连: 大连海事大学, 2006.
[32] 王永坤, 张建, 魏文彪, 吴涛, 刘建党. 基于 STM32 的家居智能药箱[J]. 电子测试, 2018(11): 11-12.
[33] 周艳萍. 机器人嵌入式语音识别系统设计与开发[D]. 广州: 华南理工大学, 2012.
[34] 朱银龙. 基于 GPS/GPRS/RFID 的车载监控系统设计与开发[D]. 南京: 南京航空航天大学, 2014.
[35] 郝玉胜. uC/OS-Ⅱ 嵌入式操作系统内核移植研究及其实现[D]. 兰州: 兰州交通大学, 2014.
[36] 夏杰. 井下便携式多参数检测仪的硬件实现[D]. 西安: 西安工程大学, 2011.
[37] 屈召贵. 面向 AMI 智能电表系统设计与实现[D]. 成都: 电子科技大学, 2015.
[38] 童瑶. 基于现场可编程器件的智能无线传感器网络自修复设计[D]. 南京: 南京航空航天大学, 2012.

[39] 李合德. 基于 PCI 总线的多输入接口图像采集系统研究[D]. 长春: 吉林大学, 2015.
[40] 夏超伟. 基于嵌入式的实验室仪器设备控制和管理系统[D]. 杭州: 杭州电子科技大学, 2015.
[41] 李媛媛. 一种智能电梯门禁系统设计[D]. 广州: 广东工业大学, 2015.
[42] 贝煜星, 王阳, 蓝青. 基于单片机的短距离无线通信系统设计[J]. 浙江万里学院学报, 2019, 32(1): 60-66.
[43] 白翔. 基于位移传感器的 TBM 滚刀磨损量检测系统[D]. 武汉: 武汉大学, 2018.
[44] 王懋譞. 基于 CAN 总线的车载监控及故障诊断系统的研究[D]. 沈阳: 东北大学, 2016.
[45] 陈能贵. 基于异构网络的智慧社区业务系统设计与实现[D]. 厦门: 厦门大学, 2017.
[46] 李时杰. 远距离低功耗无线传感网络终端节点的设计与实现[D]. 合肥: 合肥工业大学, 2018.
[47] 陈昊. 基于北斗定位及通信的船载导航设计[D]. 杭州: 杭州电子科技大学, 2015.
[48] 韩莹. 工程机械工况测取及故障诊断系统的研究与开发[D]. 大连: 大连理工大学, 2000.
[49] 袁建涛. LTE-U 系统的随机接入和数据传输的机制设计与参数优化[D]. 杭州: 浙江大学, 2019.
[50] 张森. 基于机器视觉的矿用水位监测系统的设计[D]. 青岛: 山东科技大学, 2017.
[51] 苗壮. 以太网测控终端设计及其在煤炭产销系统的应用[D]. 济南: 山东大学, 2015.
[52] 欧建开, 杨吟野, 岑伟富, 姚冰, 吕林. 基于 Proteus 的 STM32 嵌入式虚拟实验平台设计[J]. 电子技术与软件工程, 2019(10): 195-196.
[53] 王松涛. 智能家居网络控制系统[D]. 济南: 山东大学, 2005.
[54] 刘苏. 针对便携式列控车载设备测试发码装置开展的研究[D]. 北京: 北京交通大学, 2014.
[55] 宋扬. 基于物联网的矿山井下架空人车监控系统的研究[D]. 阜新: 辽宁工程技术大学, 2015.
[56] 郭盼. 基于 Android 的智能家居控制系统的研究[D]. 荆州: 长江大学, 2018.
[57] 潘龙龙. 智能气象站的数据采集与通信系统设计[D]. 南京: 东南大学, 2016.
[58] 王玥. 基于 STM32 的风力发电机机械故障数据采集系统设计[D]. 呼和浩特: 内蒙古工业大学, 2015.
[59] 袁喜斌. 一种新型温室气传病害预警方式[J]. 现代化农业, 2017(1):71-72.
[60] 孟龙龙. 基于机器视觉及机器学习的室内机器人导航研究[D]. 哈尔滨：哈尔滨工程大学, 2015.
[61] 丁基恒. 嵌入式安瓿瓶液剂异物在线检测系统研制[D]. 西安: 西安建筑科技大学, 2011.
[62] 闫跃兴. 基于 STM32 的嵌入式温度控制器的设计与开发[D]. 山东: 中国石油大学（华东）, 2013.
[63] 朱东杰. 嵌入式太阳能热水系统数据采集器研制[D]. 杭州: 杭州电子科技大学, 2016.
[64] 陈斌伟. 摄像直读式远传水表抄表系统的硬件设计与实现[D]. 北京: 北京邮电大学, 2015.
[65] 孙鹤源. 基于 Cortex-M3 的大功率 LED 温控系统研究与设计[D]. 大连: 大连理工大学, 2017.
[66] 龙敏, 陈雪玲, 秦红红, 李雪莲. 基于单片机的低功耗智能开合器的设计[J]. 工业控制计算机, 2012, 25(5):109-110, 112.
[67] 马群. 太阳能路灯智能控制系统[D]. 洛阳, 河南科技大学, 2014.

附 录

附录 A　Cortex-M3 开发板介绍

附录 A.1　Cortex-M3 开发板资源图

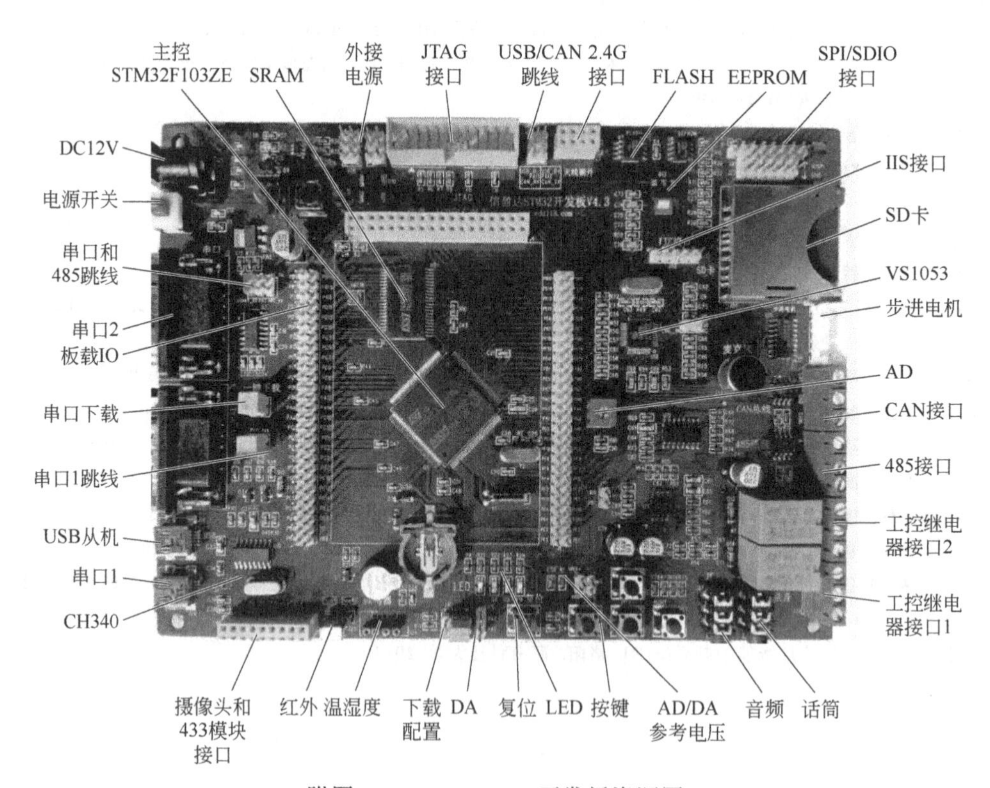

附图 A.1　Cortex-M3 开发板资源图

附录 A.2　Cortex-M3 开发板资源介绍

CPU：STM32F103ZET6，LQFP144；FLASH：512K；SRAM：64K。

外扩 SRAM：IS62WV51216，1M 字节。

外扩 SPI FLASH：W25Q64，8M 字节。

1 个电源指示灯。
4 个状态指示灯。
1 个红外接收头，并配备一款小巧的红外遥控器。
1 个 EEPROM 芯片，24C02，容量 256 字节。
1 个重力加速度传感器芯片，ADXL345。
1 个高性能音频编解码芯片，VS1053。
1 个 2.4G 无线模块接口（NRF24L01）。
1 路 CAN 接口，采用 TJA1050 芯片。
1 路 485 接口，采用 SP3485 芯片。
1 路 RS-232（串口）接口，采用 SP3232 芯片。
1 个 PS/2 接口，可外接鼠标、键盘。
1 个游戏手柄接口，可以直接插 FC（红白机）游戏手柄。
1 路数字温湿度传感器接口，支持 DS18B20/DHT11 等。
1 个标准的 2.4/2.8/3.5 寸 LCD 接口，支持触摸屏。
1 个摄像头模块接口。
2 个 OLED 模块接口。
1 个 USB 串口，可用于程序下载和代码调试（USMART 调试）。
1 个 USBSLAVE 接口，用于 USB 通信。
1 个有源蜂鸣器。
1 个 FM 收发天线接口，并配天线。
1 个 RS-232/RS-485 选择接口。
1 个 CAN/USB 选择接口。
1 个串口选择接口。
1 个 SD 卡接口（在板子背面，支持 SPI/SDIO）。
1 个 SD 卡/网络模块选择接口。
1 个标准的 JTAG/SWD 调试下载口。
1 个 VS1053 的 IIS 输出接口。
1 个 MIC/LINEIN 选择接口。
1 个录音头（MIC/咪头）。
1 路立体声音频输出接口。
1 路立体声录音输入接口。
1 组多功能端口（DAC/ADC/PWMDAC/AUDIOIN/TPAD）。
1 组 5V 电源供应/接入口。
1 组 3.3V 电源供应/接入口。
1 个参考电压设置接口。

1 个直流电源输入接口（输入电压范围：6～16V）。
1 个启动模式选择配置接口。
1 个 RTC 后备电池座，并带电池。
1 个复位按钮，可用于复位 MCU 和 LCD。
4 个功能按钮，其中 WK_UP 兼具唤醒功能。
1 个电源开关，控制整个板的电源。
1 路步进电机接口。
2 路工控继电器接口。

附录B　C语言运算符优先级

优先级等级	运算符	名称或含义	使用形式	结合方向	说明
1	[]	数组下标	数组名[常量表达式]	左到右	
	()	圆括号	（表达式）/函数名(形参表)		
	.	成员选择（对象）	对象.成员名		
	->	成员选择（指针）	对象指针->成员名		
2	-	负号运算符	-常量	右到左	单目运算符
	(类型)	强制类型转换	(数据类型)表达式		
	++	自增运算符	++变量名		单目运算符
	--	自减运算符	--变量名		单目运算符
	*	取值运算符	*指针变量		单目运算符
	&	取地址运算符	&变量名		单目运算符
	!	逻辑非运算符	!表达式		单目运算符
	~	按位取反运算符	~表达式		单目运算符
	sizeof	长度运算符	sizeof(表达式)		C 语言关键字
3	/	除	表达式/表达式	左到右	双目运算符
	*	乘	表达式*表达式		双目运算符
	%	余数（取模）	整型表达式%整型表达式		双目运算符
4	+	加	表达式+表达式	左到右	双目运算符
	-	减	表达式-表达式		双目运算符
5	<<	左移	变量<<表达式	左到右	双目运算符
	>>	右移	变量>>表达式		双目运算符
6	>	大于	表达式>表达式	左到右	双目运算符
	>=	大于或等于	表达式>=表达式		双目运算符
	<	小于	表达式<表达式		双目运算符
	<=	小于或等于	表达式<=表达式		双目运算符
7	==	等于	表达式==表达式	左到右	双目运算符
	!=	不等于	表达式!= 表达式		双目运算符
8	&	按位与	表达式&表达式	左到右	双目运算符
9	^	按位异或	表达式^表达式	左到右	双目运算符
10	|	按位或	表达式|表达式	左到右	双目运算符
11	&&	逻辑与	表达式&&表达式	左到右	双目运算符
12	||	逻辑或	表达式||表达式	左到右	双目运算符
13	?:	条件运算符	表达式 1? 表达式 2: 表达式 3	右到左	三目运算符

续表

优先级等级	运算符	名称或含义	使用形式	结合方向	说明
14	=	赋值运算符	变量 = 表达式	右到左	
	/=	除后赋值	变量 /= 表达式		复合（赋值）运算符
	*=	乘后赋值	变量 *= 表达式		复合（赋值）运算符
	%=	取模后赋值	变量 %= 表达式		复合（赋值）运算符
	+=	加后赋值	变量 += 表达式		复合（赋值）运算符
	−=	减后赋值	变量 −= 表达式		复合（赋值）运算符
	<<=	左移后赋值	变量 <<= 表达式		复合（赋值）运算符
	>>=	右移后赋值	变量 >>= 表达式		复合（赋值）运算符
	&=	按位与后赋值	变量 &= 表达式		复合（赋值）运算符
	^=	按位异或后赋值	变量 ^= 表达式		复合（赋值）运算符
	|=	按位或后赋值	变量 |= 表达式		复合（赋值）运算符
15	,	逗号运算符	表达式,表达式,…	左到右	从左向右顺序运算

优先级总结：

1．操作数越多的运算符，优先级相对低一点：单目>双目（不包含赋值运算符）>三目>赋值>逗号。

2．双目运算符个数最多，算术运算符>移位运算符>关系运算符>位运算符>逻辑运算符。

3．位运算符：~>&>^>|。

4．逻辑运算符：!>&&>||。

5．所有赋值运算符都具有相同的优先级。

6．同一优先级的运算符，运算次序由结合方向决定。

7．简单记就是：！>算术运算符>关系运算符>&&>||>赋值运算符。